海洋 EXPLORATION

探索未知事物
引领孩子走进海洋世界

GUANSHANGYU TANMI
观赏鱼探秘

陶红亮　主编

海洋出版社

2025年·北京

图书在版编目（CIP）数据

观赏鱼探秘 / 陶红亮主编． -- 北京：海洋出版社，
2025. 1. -- ISBN 978-7-5210-1407-5

Ⅰ．S965.8-49

中国国家版本馆 CIP 数据核字第 2024L6N051 号

海洋探秘

观赏鱼探秘 GUANSHANGYU TANMI

总 策 划：刘　斌	发行部：（010）62100090
责任编辑：刘　斌	总编室：（010）62100034
责任印制：安　淼	网　　址：www.oceanpress.com.cn
整体设计：童　虎・设计室	承　　印：侨友印刷（河北）有限公司
	版　　次：2025 年 1 月第 1 版
	2025 年 1 月第 1 次印刷
出版发行：海洋出版社	
地　　址：北京市海淀区大慧寺路 8 号	开　　本：787mm×1092mm　1/16
100081	印　　张：10
	字　　数：180 千字
经　　销：新华书店	定　　价：59.00 元

本书如有印、装质量问题可与发行部调换

海洋探秘

| 顾 问 |

金翔龙　李明杰　陆儒德

| 主 编 |

陶红亮

| 副主编 |

李　伟　赵焕霞

| 编委会 |

赵焕霞　王晓旭　刘超群

杨　媛　宗　梁

| 资深设计 |

秦　颖

| 执行设计 |

秦　颖　孟祥伟

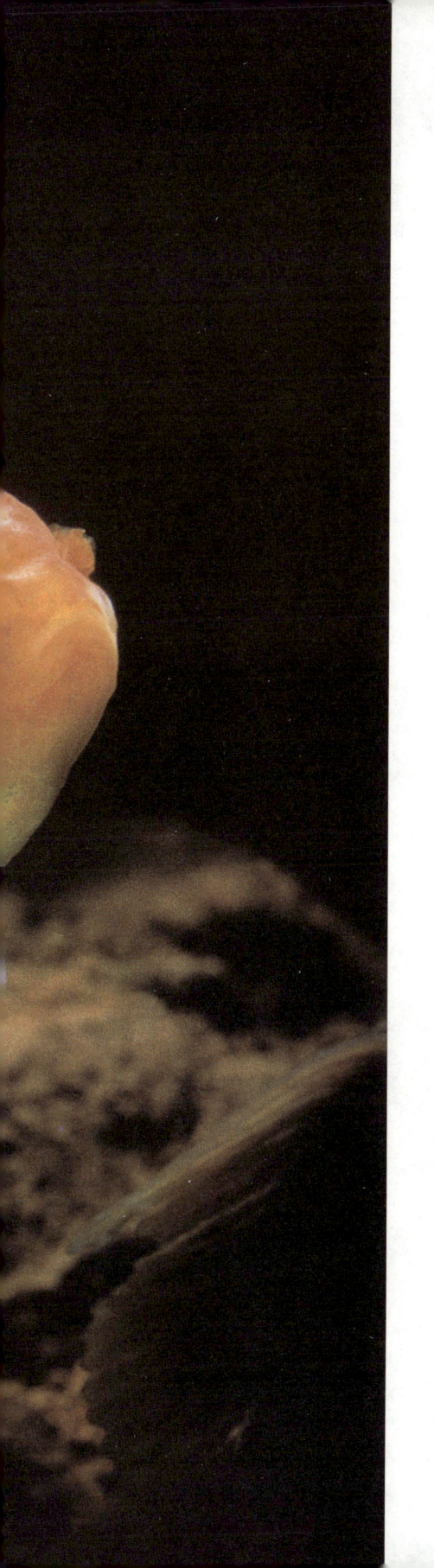

前言

海洋是生命的摇篮，蕴含着大量的生物资源，不仅能为人类提供丰富的食物来源，还可以为人类制药业和其他工业提供原材料。可以说，海洋对人类的生活和生存起着至关重要的作用。大自然缔造了人类和海洋生物，但两者并不是简单的利益关系。相反，两者关系十分密切，用"唇亡齿寒"来形容也不为过。让人们认识海洋环境与海洋生物，了解与海洋生物和谐相处的重要性，对保护濒临灭绝的海洋生物和人类赖以生存的自然环境尤为必要。

海洋中生活着一些"水中精灵"，它们中很多都美得发光，给人类带来了无限美好的感官享受。这就是观赏鱼。

观赏鱼是指具有观赏价值的、有鲜艳色彩或奇特形状的鱼类。它们广泛地分布在世界各地的水域中，可供观赏的有近3000种，有的观赏鱼生活在海水中，有的生活在淡水中。观赏鱼通常被分为3个品种：温带淡水观赏鱼、热带淡水观赏鱼和热带海水观赏鱼。它们有的色彩绚丽，有的体形奇特，有的泳姿蹁跹，有的性情活泼，有的以稀少名贵而闻名。

饲养和欣赏观赏鱼，可以陶冶人的情操，让人放松身心、消除疲劳，是一种不可多得的业余爱好。比较常见并且容易饲养的观赏鱼有500多种。

本书将带我们走进观赏鱼的世界，共分为9个章节，全面透彻地介绍了观赏鱼的知识，包括数十种观赏鱼的档案。每个章节按照不同的主题组织内容，导语、海洋万花筒、奇闻逸事、开动脑筋等栏目穿插其中，提升了本书内容的丰富性和阅读趣味。

本书集知识性、观赏性和实用性于一体，通过阅读本书，不仅能掌握关于观赏鱼的分类、分布区域、生活习性、繁殖特点等方面的知识，还能学会如何鉴别、饲养观赏鱼。

目录
CONTENTS

Part 1 | 观赏鱼的基本概述
2/ 观赏鱼的历史由来
8/ 海水观赏鱼的概念、分类
14/ 海水观赏鱼的分布

Part 2 | 小丑鱼
22/ 公子小丑鱼和红小丑鱼
28/ 双带小丑鱼
34/ 咖啡小丑鱼、银线小丑鱼

Part 3 | 神仙鱼
42/ 皇后神仙鱼、蓝环神仙鱼、蓝纹神仙鱼
48/ 法国神仙鱼、紫月神仙、马鞍神仙鱼
54/ 女王神仙与火焰神仙鱼

Part 4 | 雀鲷
62/ 三点白、三间雀和四间雀
68/ 各种魔鱼
74/ 品相差异很大的雀鲷

Part 5 | 倒吊鱼
82/ 粉蓝吊和七彩吊
88/ 黄金吊
94/ 大帆倒吊和天狗倒吊

Part 6 | 炮弹鱼
102/ 小丑炮弹鱼
106/ 蓝面炮弹鱼
107/ 玻璃炮弹鱼

Part 7 | 蝴蝶鱼
110/ 红海黄金蝶
111/ 澳洲彩虹蝶
112/ 绣蝴蝶鱼
113/ 月光蝶
115/ 太阳蝶

CONTEN

Part 8 | 观赏鱼的伙伴们

118/ 海葵

124/ 珊瑚

Part 9 | 海水观赏鱼的饲养

132/ 水族箱

138/ 养鱼家用设备

144/ 人工海水的配置

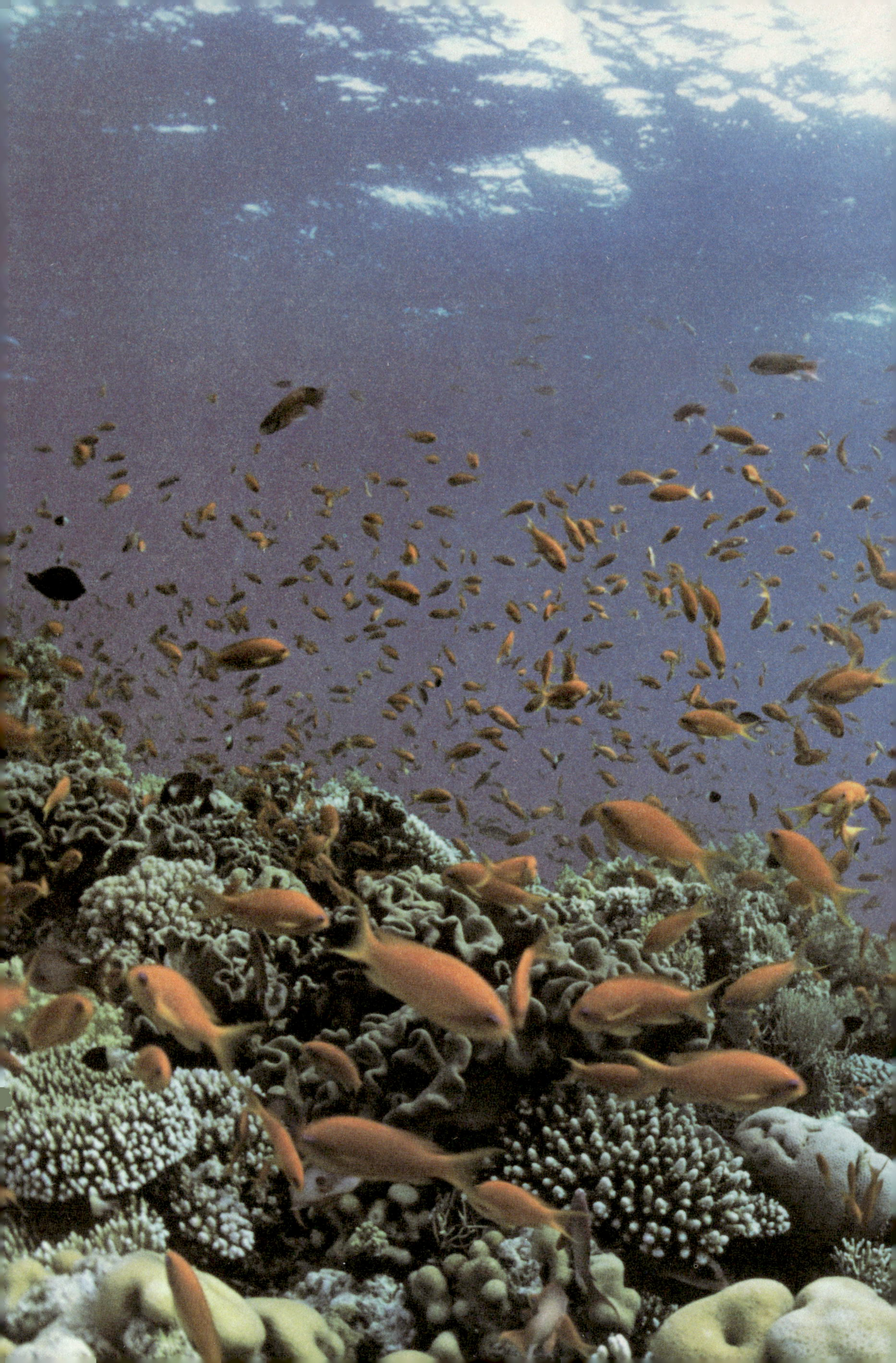

Part 1
观赏鱼的基本概述

观赏鱼是指具有观赏价值的有鲜艳色彩或奇特形状的鱼类。观赏鱼主要产于东南亚和南美洲国家,其中印度尼西亚和巴西是最主要的两个产地。全世界喜欢观赏鱼的人有数亿之多,观赏鱼也成为仅次于猫和狗的第三大宠物。

Part 1 观赏鱼的基本概述

观赏鱼的历史由来

观赏鱼的起源和发展有一个非常漫长的过程，根据史料记载，最早饲养观赏鱼的是古埃及人。他们会用一个很大的玻璃缸来养一些鱼供人们观赏，只不过他们饲养的都是冷水鱼。真正开始饲养有颜色的观赏鱼，是出现在我国的宋朝时期。到了16世纪，欧洲才逐渐用玻璃缸养观赏鱼。

中国的鱼文化

中国的淡水鱼文化历史悠久，早在史前时期的"半坡文化"就已经有了"鱼的文化"，在很多出土的"半坡陶器"上有大量的鱼形花纹，可见咱们老祖宗在很早以前就跟"鱼"结缘了。宋代以后，人们在天然水体中发现了野生的红鲫鱼，于是将其移入鱼池中饲养，使其繁殖后代，并开始选种和培育。经过数代民间艺人的精心挑选，由最初的单尾金鲫鱼，逐渐发展为双尾、三尾、四尾金鱼，颜色也由单一的红色，逐渐变为红白花、五花、黑色、蓝色、紫色等，演化成现代品种繁多的金鱼家族。

金鱼的鼻祖

中国金鱼的鼻祖是数百年前野生的红鲫鱼,它最初见于北宋初年浙江嘉兴的放生池中。公元1163年,宋高宗赵构在皇宫中大量蓄养金鲫鱼。金鱼的家化饲养是由皇宫中传到民间并逐渐普及的。金鱼属于温带淡水观赏鱼,同属的还有红鲫鱼、日本锦鲤等,它们主要来自中国和日本。依据体色不同,它们可分为红鲫鱼、红白花鲫鱼和五花鲫鱼等,它们主要被放养在旅游景点的湖中或喷水池中。据史料记载,中国金鱼是在公元1502年传入日本的。清代中期,金鱼传入英国;18世纪中叶,金鱼已经传遍了欧洲各国。

开动脑筋

1. 我国哪个朝代开始出现观赏鱼了?
2. 为什么有些鱼不能成为观赏鱼呢?
3. 红鲫鱼是由什么鱼变种而诞生的?

参考答案

1. 我国宋朝时期。
2. 能否成为观赏鱼取决于鱼的体色、形态和花纹等因素。
3. 红黄鲫鱼。

海洋万花筒

红鲫鱼色彩多样、艳丽,是红黄鲫鱼的变种。其实,它们在小鱼苗的阶段并没有这么漂亮,要成长一段时间后才会慢慢变色。这是因为遗传基因的关系,在不同环境下生长的红鲫鱼,颜色都会有所差别。锦鲤和红鲫鱼都属于鲤鱼科,两者最大的区别在于锦鲤是鲤鱼变种而来的,红鲫鱼是红黄鲫鱼在人工饲养时发生变异而形成的品种。它们的体形比较相似,颜色有所不同。

Part 1 观赏鱼的基本概述

第一个观赏鱼俱乐部

19世纪末期，美国出现了第一个专门饲养观赏鱼的俱乐部。这个时候，热带观赏鱼也从南美洲的亚马孙河进入美国的上流社会。20世纪初期出现电热水族箱后，饲养观赏鱼开始走入正规化和科技化。

海洋万花筒

人们或许听过这样一句话：鱼的记忆只有7秒，所以它们可以每天在鱼缸里无忧无虑地生活。因为忘记了之前发生的事情，所以它们永远都是快乐的。实际上，鱼类不仅有很长的记忆，也远比人们想象的要聪明得多。

最早的热带观赏鱼

世界上最早的热带观赏鱼是中国出产的叉尾斗鱼，也叫中国斗鱼。公元1868年，卡蓬尼尔引入巴黎饲养的热带淡水鱼，实际是我国华南地区野生的叉尾斗鱼，英文名为"Paradise fish"，意为天堂鱼或极乐鱼。因此，中国斗鱼是世界上最早的一种人工饲养观赏的热带淡水鱼，开启了热带观赏鱼的时代。

奇闻逸事

斗鱼十分嘴馋，几乎喂什么吃什么，最喜欢吃的是红虫干。但是它也有不喜欢吃的东西，那就是死了很久的蚊子。斗鱼喜欢吐泡泡，这不是它生病了，或者是因水不干净而表示抗议。这是斗鱼想找伴侣了，它吐泡泡是在筑巢，等待伴侣的到来。

Part 1 观赏鱼的基本概述

热带淡水观赏鱼的来源

6热带淡水观赏鱼主要来自热带和亚热带地区。依据原始栖息地的不同,它们主要来自3个地区:一是南美洲的亚马孙河流域的哥伦比亚、巴拉圭、圭亚那、巴西、阿根廷、墨西哥等地;二是东南亚的泰国、马来西亚和南亚的印度、斯里兰卡等地;三是非洲的马拉维湖、维多利亚湖和坦干伊克湖。

奇闻逸事

1960年,德国的一个电器维修工诺伯特,接到了一个修理玩具火车马达的任务,他尝试着用这个气冷的泵,带动一个淡水缸里的水运动,结果发现鱼儿很喜欢这种水流,显得更加欢快。诺伯特后来自己在家研究,并且成功地开发了第一款水族箱水泵。1963年,德国左林根的一个爱好者发现,在底滤上水管中有褐色的泡沫聚集,因此他开发了一个装置,可以把这些聚集的泡沫收集到一个容器里,后来他又对该装置做进一步的研究和发展,最终制造出了蛋白质分离器。

海水观赏鱼的来源

海水观赏鱼主要来自印度洋和太平洋中的珊瑚礁水域，它们的品种很多，体形怪异，体表色彩丰富，极富变化，善于藏匿，具有一种原始、古朴、神秘的自然美。常见产区有菲律宾、日本、澳大利亚、夏威夷群岛、印度、红海、非洲东海岸以及我国的台湾海域和南海等。热带海水观赏鱼是全世界最有发展潜力的观赏鱼类，代表了未来观赏鱼的发展方向。

参考答案

1.宋朝时期。
2.分为温带淡水观赏鱼、热带淡水观赏鱼和海水观赏鱼三类。
3.金鱼的种类有很多，比如龙睛、狮头等。
4.德国的一个小吃店的店主也斯泰了。

🔬 海洋万花筒

早期的水族箱没有我们今天的设备，看起来比较简陋，主要是用石板和玻璃加工制作而成的。水族箱里依靠水生植物和自然光给观赏鱼提供养分，观赏鱼的食物包括干燥的蚂蚁和麦片，以及从池塘里捕捞的一些小生物。用一个小的煤气灯在石板下加热进行保温。就是从这些简陋的设备开始，人们开启了观赏鱼行业的第一步。

💡 开动脑筋

1. 中国观赏鱼是什么时候开始出现的？
2. 观赏鱼分为哪几类？
3. 金鱼的种类都有哪些？
4. 是谁开发了第一款水族箱水泵？

Part 1 观赏鱼的基本概述

海水观赏鱼的概念、分类

海水观赏鱼是生活在热带海洋中的鱼类。它们只适合生活在海中，或者盐的密度比较大的水中。海水观赏鱼的颜色特别鲜艳、体表花纹丰富。有些体表生有假眼，有的尾柄生有利刃，有的棘条坚硬有毒，还有的体内可分泌毒汁，林林总总，千奇百怪，充分展现了大自然的神奇魅力。其中比较常见的海水观赏鱼有盖刺鱼科、雀鲷科、蝴蝶鱼科、粗皮鲷科等的鱼。

海洋万花筒

健康的海水鱼体表干净有光泽，会在缸内自由自在地游动，遇到变化或惊吓能敏捷逃游。那些呼吸急促，反应迟钝，总是停在循环口附近嘴巴急速张合或躲在角落不动的都是不健康的鱼。不要购买有以下表现的鱼：干瘦的；眼睛浑浊的或眼球突出、身体经常擦缸的；鱼鳞剥落的或有斑点的；鱼体受伤的或有不明附着物的。

盖刺鱼科

　　盖刺鱼科为鲈形目的1科，通称为刺盖鱼。刺盖鱼主要在温暖而干净的珊瑚礁浅海域生活，它们喜欢珊瑚礁附近水域的环境，如一些很隐密的洞穴、独立礁、大石块或礁洞等。刺盖鱼生性机警，即使白天都只在洞穴或阴暗处附近逗留，一旦遇有状况立刻躲回洞中。它们平时喜欢单独活动，但也有成群或成对而游。刺盖鱼的食性也各不相同，其中体型较小的刺尻鱼属的鱼几乎都喜欢啃食藻类，而较大的刺盖鱼属的鱼则喜欢以海绵为主食，再辅以海藻、海葵、海鞘、海鸡头、鱼和无脊椎动物的卵粒等。

巴西刺盖鱼

　　巴西刺盖鱼生活在大西洋的西边，也就是美洲海域，主要分布在墨西哥、美国南部、巴西、哥伦比亚和加勒比海。巴西刺盖鱼属于杂食性动物，它们既吃珊瑚虫、苔藓虫，也吃海绵和藻类。它们生活在浅水区，身体为30～40厘米，一般成对出现。巴西刺盖鱼幼鱼身上长有黄色条纹，成鱼后黄色条纹变成了斑点。

Part 1 观赏鱼的基本概述

雀鲷科

雀鲷科鱼类大多为小型的热带鱼，它们生活在沿岸的岩石和珊瑚礁之间，喜欢捕食无脊椎动物，行动活泼迅速。它们的生态习性在不同种之间差异很大，有些种类体色很美丽，可以作为观赏鱼饲养，包括小丑鱼、白带固曲齿鲷、明眸固曲齿鲷、迪克氏固曲齿鲷、约岛固曲齿鲷等，其中以小丑鱼最受欢迎。

小丑鱼

小丑鱼也叫海葵鱼、三带双锯鱼，它们橘红色的身体上有3条白色的横带，体长最大可达11厘米。小丑鱼栖息在浅水域珊瑚礁区的海葵丛中，与海葵是共生关系。海葵的触手上密布着有毒的刺细胞，可以使其他鱼类中毒瘫痪，成为海葵的猎物，小丑鱼以特别的黏液保护自己不被海葵的毒伤害，一旦遇到危险，就快速地躲进海葵触手丛中寻求保护。小丑鱼的主要食物是一些浮游动物、小型甲壳动物以及藻类等。

小知识

1. 小丑鱼生活在热带的珊瑚礁之间。
2. 一些浮游动物、小型甲壳动物以及藻类等。
3. 活泼迅速。

海洋万花筒

小丑鱼与眼斑双锯鱼很相似，它们的主要区别是黑带，小丑鱼的黑带很粗，将身体上的橙色和白色分开，而眼斑双锯鱼的黑带很细，以至于似乎不存在。

开动脑筋

1. 雀鲷科鱼类生活在什么地方？
2. 小丑鱼主要吃些什么？
3. 刺盖鱼科鱼类喜好怎样的活动方式？

蝴蝶鱼科

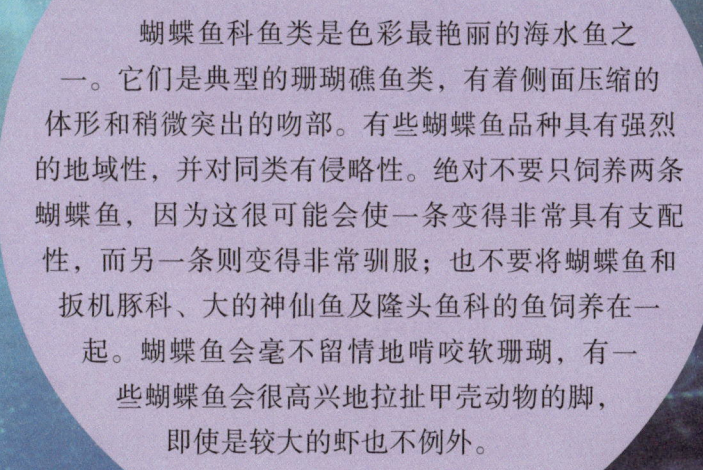

蝴蝶鱼科鱼类是色彩最艳丽的海水鱼之一。它们是典型的珊瑚礁鱼类，有着侧面压缩的体形和稍微突出的吻部。有些蝴蝶鱼品种具有强烈的地域性，并对同类有侵略性。绝对不要只饲养两条蝴蝶鱼，因为这很可能会使一条变得非常具有支配性，而另一条则变得非常驯服；也不要将蝴蝶鱼和扳机豚科、大的神仙鱼及隆头鱼科的鱼饲养在一起。蝴蝶鱼会毫不留情地啃咬软珊瑚，有一些蝴蝶鱼会很高兴地拉扯甲壳动物的脚，即使是较大的虾也不例外。

三间火箭蝶

三间火箭蝶也叫毕毕，它们有一张细长的嘴，可以用来捕食洞里以及岩石缝隙里的生物。它们白色的身体上有橘黄色的垂直条纹，条纹带黑边。在背鳍上有一眼点用以迷惑敌人，这与其他蝴蝶鱼有很大区别，很容易辨认。在澳大利亚东部珊瑚礁丰茂的地区，常常可以看到它们单独或成对生活。它们四处游荡，不仅喜欢吃无脊椎生物，也会觅食各类有机物碎屑，十分具有观赏性。

由于蝴蝶鱼是终身单一配偶，因此经常看到两条蝴蝶鱼在一起。蝴蝶鱼的嘴巴较小，只能吃些细小的食物，不要投喂较大型的食物，这样的食物很可能被蝴蝶鱼忽略而沉入水底。

刺尾鱼科

刺尾鱼为暖水性鱼类，它们生活在沿岸到深、远数十米的岩礁及珊瑚礁区。刺尾鱼的身体呈白色至黄色，在眼睛的上方有两条白纹，胸鳍基部的下方有一道环状的白纹，腹鳍及尾鳍是黑色的，有白色的边缘。它们的尾柄上有一个或数个硬棘，犹如手术刀般锋利，如果不小心碰到，会很容易被划破流血，它们也因此得名"刺尾鱼"。在国外还被称为"外科医生鱼"。

有刺尾的素食者

大部分的刺尾鱼都是吃底栖藻类的素食者，它们的口很小，门齿缘呈锯齿状和波浪状，有的牙齿甚至长得像一把细细长长的钢毛刷，它们尾部的硬棘很适合刮食附着在珊瑚礁上的藻类，也有一些种类的刺尾鱼以浮游动物为主食。它们经常成群结队地在珊瑚礁附近游荡觅食。

海洋万花筒

海水鱼主要与珊瑚、海葵、海草等为伍，所以在鱼缸中摆入珊瑚、海葵、海草之类的东西，不仅可以与海水鱼交相辉映，点缀其生活环境，而且它们还是海水鱼赖以生存的衣食父母呢！

隆头鱼科

隆头鱼科一共有 57 个属，约 500 种。隆头鱼科的鱼生活在热带和温带海域，一般能在大西洋、印度洋或太平洋中发现它们。隆头鱼科的鱼体型差异很大，体型最大的鱼能达到 3 米长，最小的鱼却只有 60 毫米。这类鱼的体型呈长椭圆形，身体扁平，牙齿坚硬。它们喜欢生活在珊瑚礁中，身体的颜色比较鲜艳，平时既能吃无脊椎动物，也吃寄生虫。

双带锦鱼

双带锦鱼是隆头鱼科中的一种鱼，人们俗称它们为"蓝头鱼"，这是因为双带锦鱼的成年雄鱼的头部是淡蓝色的，身体为绿色。它们生活在大西洋中西部的热带海域，在加勒比海地区尤为常见。它们虽然漂亮，但寿命一般不超过两年。双带锦鱼的身体大约长 11 厘米，它们喜欢在海洋中的岩石或者珊瑚礁附近活动，主要吃甲壳动物或浮游生物。

开动脑筋

1. 海水观赏鱼鲜艳的颜色是为了吸引伴侣吗？
2. 有多少种鱼类可供观赏呢？
3. 刺尾鱼为什么喜欢在珊瑚礁附近游荡？

Part 1 观赏鱼的基本概述

海水观赏鱼的分布

海水观赏鱼大部分生活在印度洋以及太平洋中的珊瑚礁水域。目前，发现可供观赏的海水鱼约有800种，其中有200多种适合在水族箱饲养，它们大多色泽艳丽，形态奇特，主要品种有蝴蝶鱼科、花鳉科、慈鲷科、隆头鱼科等。此外，一些海水虾、珊瑚和海葵等无脊椎动物也被划入海水观赏生物中。

东亚和东南亚海域

东亚和东南亚海域的观赏鱼种类繁多，数量丰富，是最重要的海水观赏鱼产地。一些比较常见的海水观赏鱼，如皇后神仙鱼、小丑鱼、五彩吊等，都是来自东南亚海域。

海洋万花筒

目前，市场上常见的海水观赏鱼中，可以人工繁殖的有小型神仙鱼、小丑鱼、海马、少数倒吊类。美国、欧洲、东南亚部分国家，以及我国的台湾地区已具备人工繁殖数种海水观赏鱼的技术和条件。

东南太平洋

东南太平洋主要产出神仙鱼、黄金吊等名贵品种，如红眼钻石神仙鱼、金头神仙鱼等。

红眼钻石神仙鱼

红眼钻石神仙鱼属慈鲷科。它们的体长为10～15厘米，体形扁圆，眼睛为鲜红色，身体颜色为银白色，体表的鱼鳞变异为一粒粒的珠状，在光线照射下粒粒闪光，散发钻石般迷人的光泽，非常美丽。红眼钻石神仙鱼自由择偶，配偶关系固定，雌鱼每次产卵300～500颗。

金头神仙鱼

金头神仙鱼属慈鲷科。它们的体长为10～15厘米，身体为扁圆盘形。背鳍挺拔高耸，腹鳍是两根长长的丝鳍，全身银白色，唯头顶金黄色，因此而得名。亲鱼自由择偶，配偶关系比较固定，属磁板卵生鱼类。

Part 1 观赏鱼的基本概述

红海

红海是世界上水温最高的海域，同时也是世界上含盐量最高的海域，这种独特的地理环境孕育了1451种海水鱼，其中有52种特有的海水观赏鱼，如黑吊、紫吊、红海骑士、毕加索炮弹鱼等。

炮弹鱼

炮弹鱼的外形很像一枚炮弹，一对眼睛长在背部的中间。它们还有一副坚硬的牙齿，很多鱼类都怕它们。实际上，炮弹鱼最爱吃的是海星和海胆。炮弹鱼的嘴和眼睛离得远，这可以防止在取食时被身上长满长棘刺和刺皮的海胆和海星刺伤眼睛。

奇闻逸事

当炮弹鱼与棘刺长达30厘米的长刺海胆对阵时，它先猛吸一口水，用力向海胆喷去，使海胆倒转过去，然后攻击海胆不设防的口部。如果这一招失灵，它便咬住海胆身上的一根长棘刺，把海胆从海底拉上水面，然后放掉；当海胆下沉到海底时，它一口就能咬中海胆的口部，海胆就成了炮弹鱼的美食。

太平洋浅海渔场

太平洋浅海渔场面积约占世界各大洋浅海渔场总面积的 1/2，海洋渔获量占世界渔获量一半以上，盛产沙丁鱼、金枪鱼、比目鱼等鱼类，还有很多色彩绚丽的观赏鱼都生活在这里，如粉蓝吊、黄金吊、双色草莓鱼、小丑炮弹鱼、人字蝶等。

双色草莓鱼

双色草莓鱼也叫假紫天堂，生活在太平洋，为拟雀鲷科鱼类。双色草莓鱼眼睛呈蓝色，身体的前半身是紫色的，后半身为鲜黄色，紫黄相衬，非常夺目。双色草莓鱼幼鱼的体色非常亮丽，身体为纺锤形，它们从外形上看特别像雀鲷属的鱼。成鱼体长 4～5 厘米，具有一定的攻击性，它们并不怕那些比自己体型大的其他鱼类，会非常勇敢地保护自己的领地，也会吃掉一些观赏虾和令人讨厌的钢毛虫，属于肉食性观赏鱼。

海洋万花筒

双色草莓鱼是雌雄同体的，小时候没有雌雄之分，长大之后会根据需要分化成不同的性别，而且雌雄相差比较明显，从体型大小上来讲，较大的为雄性，较小的为雌性，而且体色上也会有一定区别。

Part 1 观赏鱼的基本概述

印度洋

许多外表美丽的观赏鱼都生活在印度洋，它们喜欢在珊瑚礁区活动、觅食，比较有名的有印度洋双斑天竺鲷、银线小丑鱼、咖啡小丑鱼、蓝颊鹦嘴鱼、红双带小丑鱼和马夫鱼等。

蓝颊鹦嘴鱼

蓝颊鹦嘴鱼属于鹦嘴鱼科、鹦嘴鱼属的珊瑚礁鱼类，分布于印度洋非洲东岸至太平洋西部以及南海诸岛等海域。它们以鱼群的形式在海洋里生活，每年冬末春初，随着沿岸水势力减弱，外海水势力增强，蓝颊鹦嘴鱼由外海深水区向近岸浅海区做产卵洄游，群体先后进入我国珠江口万山岛附近海域至台湾浅滩一带聚集产卵。

海洋万花筒

对人类来说，海水是名副其实的液体矿产，世界上已知的100多种元素中的80%都可以在海水中找到，平均每立方千米的海水中有3570万吨矿物质。海水还是陆地上淡水的来源和气候的调节器，海洋每年蒸发的淡水有450万立方千米，其中90%通过降雨返回海洋，10%变为雨雪落在大地上，然后又顺河流返回海洋。

阿拉伯海

阿拉伯海的海水中含有大量的营养盐，使鱼类繁殖迅速。这里的远洋鱼类有金枪鱼、沙丁鱼、长吻鱼、刺鲅和鲨鱼等，还有许多外表美丽的观赏鱼类，如尖翅燕鱼、红海骑士等。

海洋万花筒

海在大洋的边缘，是大洋的附属部分。海的面积约占海洋的11%，海的水深比较浅，平均深度从几米到3000米。和大洋相比，海没有自己独立的潮汐与洋流。本质上，海是被淹没的大陆，主体位于大陆架上，其下的地壳是大陆地壳，而洋下面则是大洋地壳。当然，随着地质运动，海和洋是可以互相转化的。

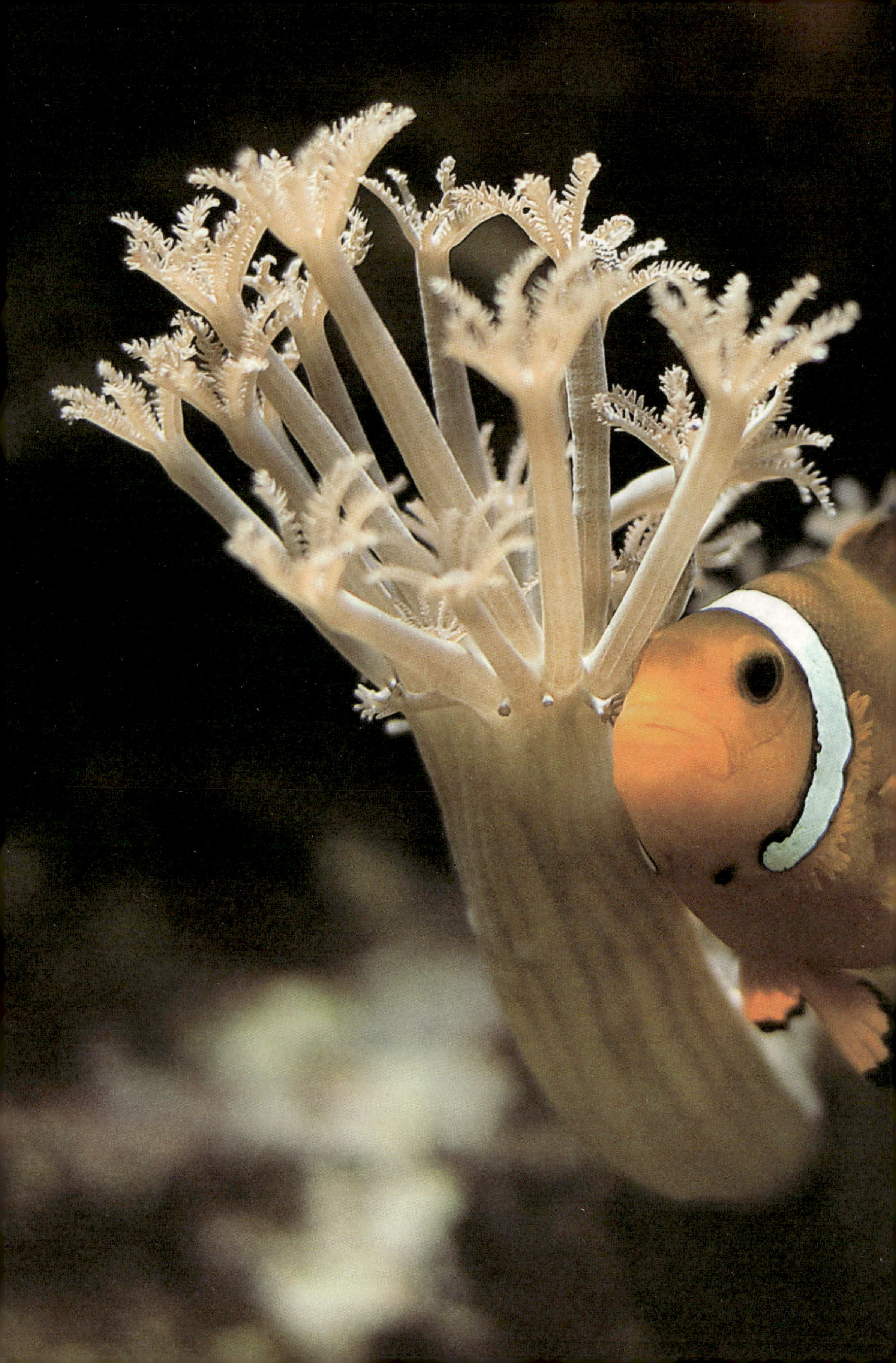

Part 2
小丑鱼

　　小丑鱼是一种热带海水鱼，属于雀鲷科、海葵亚科。大部分小丑鱼体色鲜艳并带有条纹，它们长得并不丑，因脸上一般都有一道或两道白色条纹，与我国京剧中的小丑角色相似，所以被称为"小丑鱼"。小丑鱼与海葵有着密不可分的关系，带毒刺的海葵保护小丑鱼，小丑鱼则吃海葵消化后的残渣，因此形成了一种互利共生的关系。小丑鱼将海葵当作具有防御功能的居住地，危险时可以躲进海葵的触手里，而小丑鱼又吸引其他鱼类靠近，增加海葵的捕食机会，小丑鱼也因此被称作海葵鱼。

Part 2 小丑鱼

公子小丑鱼和红小丑鱼

公子小丑鱼和红小丑鱼都是雀鲷科、双锯鱼属鱼类。公子小丑鱼的学名叫作眼斑双锯鱼，红小丑鱼的学名叫作白条双锯鱼，这两种鱼体形可爱，色彩艳丽，深受人们喜爱。

公子小丑鱼

公子小丑鱼主要生活在中国南海、菲律宾、西太平洋的礁岩海域。它们的身体呈椭圆形，身体颜色为橘红色，拥有3条银白色的环带，分别位于眼睛的后部、背鳍中央以及尾部，但是幼鱼并没有这种环带。公子小丑鱼体型小巧，体长10~12厘米。野生的公子小丑鱼领地性很强，经常会为了争抢领地而打斗。

雌雄同体的公子小丑鱼

公子小丑鱼以一个小群体的形式在一起生活,刚出生的公子小丑鱼是没有性别的,它们在成长的过程中,会根据需要变成雄鱼或雌鱼,通常雌鱼的数量多一些,雌鱼的体型也要比雄鱼大一些,在小群体中占统治地位。如果雌鱼意外死亡,尺寸相对大一些的雄鱼会变成雌鱼,但是这个性别的转变是不可逆转的,只有雄鱼可以变成雌鱼,而雌鱼是不能变成雄鱼的。

健壮又活泼的公子小丑鱼

在观赏鱼中,公子小丑鱼并不算最漂亮的那一个,但是它们健壮又活泼,很容易养活。在水族箱里生活的公子小丑鱼的颜色更鲜艳,并且身上的条纹有时候会消失,会给人一种意外的惊喜。

开动脑筋

1. 公子小丑鱼为什么喜欢在海葵附近生活?
2. 雌性公子小丑鱼可以变成雄性吗?
3. 公子小丑鱼身体的颜色会在不同的环境下发生变化吗?

Part 2 小　丑　鱼

在海葵的触手里筑巢

公子小丑鱼的雌鱼和雄鱼都有护巢护卵的行为，雌鱼把卵产在海葵的呼吸口处，利用海葵来保护卵。在产卵之前，雄鱼会追逐雌鱼到巢边游动，雌鱼会在2小时内排出100～1000颗橙色鱼卵，然后雄鱼在卵上游动，使鱼卵受精。

鱼卵的孵化会受到水温的影响，通常孵化需要6～8天，冷水中孵化期会长一些，孵化后的柳叶状稚鱼生长8～12天后，会返回水底寻找新的海葵栖息地，开始自己的新生活。

海洋万花筒

公子小丑鱼对地毯海葵比较青睐，喜欢跟地毯海葵共生。地毯海葵体型硕大，身上布满触手，像地毯一样，边缘略卷曲，呈波浪状。它的身体直径为30～100厘米，颜色有白色、浅紫色、粉红色、浅绿色等，素有"海中之花"的美称。地毯海葵可以作为很多小丑鱼的宿主，作为交换，小丑鱼会提供给地毯海葵各种食物，维持它的大部分生长需要。如果没有地毯海葵，公子小丑鱼会选择公主海葵或红肚海葵，但一般不接受紫点海葵。当它们具有海葵黏液的保护后，就很少患细菌或寄生虫类的疾病了，不必为它们会被寄生虫侵袭而忧愁。

红小丑鱼

　　红小丑鱼有一个亮橘红色的身体，一道白色条纹呈现在眼睛后面，像一个发光的项圈。随着成长，它们身体的颜色会逐渐转红，身体的后方会出现黑斑并扩散至全身。红小丑鱼会用嘴仔细地清洗岩石上的藻类和污物，用尾鳍拂去岩石周围的砂土，然后用来做产卵床。红小丑鱼产卵后，会用口和胸鳍除去卵上的杂物，扇动水流进行孵化。雄鱼也会进行这种行为，并且比雌鱼更加地积极主动。

奇闻逸事

　　红小丑鱼是双锯鱼属中最凶猛的品种，成年雌鱼体长12厘米，受到威胁时甚至会跳出水面来攻击敌人。红小丑鱼喜欢和大的红肚海葵共生在一起，而且它们会主动保护红肚海葵的安全。每条红小丑鱼都会找一只红肚海葵作为专属领地。如果有其他的鱼靠近红肚海葵，红小丑鱼会将它们赶走，如果你用手移动红肚海葵，它们还会攻击你的手。如果将两条成熟的雌性红小丑鱼混养在一起，它们打斗时会发出"咯咯"声，声音大得隔着玻璃都可以听到。至少5条以上的红小丑鱼才可以混养。

Part 2 小丑鱼

印度红小丑鱼

印度红小丑鱼生活在热带地区的海域，它们有着红色至棕色的身体，幼鱼的身体是红色的，一条白色的竖带呈现在眼睛的后方，在身体的侧后方有一个不太明显的黑色斑块，随着成长，它们身上的白带会逐渐消失，而黑色斑点会逐渐扩大到全身。印度红小丑鱼和红小丑鱼的主要区别在于红小丑鱼的眼睛后方具有一条镶黑边的白色宽带，这很容易辨认。

海洋万花筒

小丑鱼并不是对海葵的毒素免疫，它们的身上有一层黏液，这种黏液有两个好处：一是可以中和海葵身上的毒素；二是可以抑制刺细胞的弹出。小丑鱼本身是不生产这种黏液的，它主要来自海葵的触手。这种黏液就好像是海葵发放的"特别通行证"，拥有了它，就可以在海葵的触手中自由穿梭了。小丑鱼正是知道这个秘密，才敢和海葵一起生活的。当小丑鱼还是鱼宝宝的时候，它们会选定一只海葵来定居，然后小心翼翼地靠近海葵的触手，慢慢地吸收这种黏液，等到全身都有了黏液以后，就可以大胆地在海葵中游动了。

小丑鱼与海葵的共生关系

　　小丑鱼之所以会选择与海葵共生，是因为海葵的触手带有毒刺，可以帮小丑鱼赶跑敌人，小丑鱼也可以借助身体在海葵触手间的摩擦，除去身体上的寄生虫或霉菌等。海葵能够接受与小丑鱼的共生关系，是因为小丑鱼的自由进出，可以引来其他鱼类，增加了海葵的捕食机会。同时，小丑鱼还可以除去海葵身上的坏死组织以及寄生虫，小丑鱼的游动还可以减少一些残屑沉淀至海葵丛中，这些对海葵都是有益的，所以两者形成了稳定的共生关系。

海葵与小丑鱼的共生，有许多种海葵适宜和小丑鱼共生，在其触手包围。

🌀 海洋万花筒

　　红小丑鱼喜欢吃小鱼、小虾、藻类等。在水族箱里饲养可以投喂活饵、冷冻丰年虫、糠虾、乌贼肉、鱿鱼肉、花蛤等。经过驯饵后的红小丑鱼也可以适应干料，如海水薄片、颗粒干料。

💡 开动脑筋

你知道小丑鱼为什么要和海葵共生吗？

Part 2 小　　丑　　鱼

海洋探秘系列　观赏鱼探秘

双带小丑鱼

　　双带小丑鱼是雀鲷科、双锯鱼属鱼类，是小丑鱼的一种，包括太平洋双带小丑、黑双带小丑鱼、红双带小丑鱼等品种。它们生活在菲律宾，以及我国的南海和台湾地区等的珊瑚礁海域。双带小丑鱼适合在 26～27℃的水温生活，生命力很强，适合在水族箱里饲养。

海洋万花筒

　　黑双带小丑鱼可以在水族箱里生活，它们喜欢躲在地毯海葵或长须公主海葵中，很容易饲养。如果同时入缸，可以饲养多条黑双带小丑鱼。

黑双带小丑鱼

　　黑双带小丑鱼全身紫黑色，有3条银白色的垂直环带，分别呈现在眼睛后、背鳍中间、尾柄处，它们的嘴部呈银白色，体长为10～15厘米，身体为椭圆形。在水族馆饲养时，喜欢吃一些鱼虫、丰年虾、切碎的鱼虾肉、海水鱼颗粒等喂养用的饲料。

红双带小丑鱼

红双带小丑鱼广泛分布在印度洋、太平洋的珊瑚礁海域，如菲律宾和我国的南海、台湾地区等。它们的身体呈红褐色，还带有白色条纹，头部呈橘色，非常漂亮。亚成鱼的颜色为黄色，带有3道白色条纹，尾鳍为白色。它们喜欢和任何海葵共生，领地性很强，会攻击其他类的小丑鱼。红双带小丑鱼的体长大约为15厘米，喜欢光线充足的环境，这样它们会长得很快，夜间会躺在海底睡觉，喜欢吃各种藻类、鱼卵及浮游生物。

海洋万花筒

小丑鱼通常被放入水族箱后就会躲藏起来，直到确认没有危险后才游出来。一开始这种鱼就可以接受人工饲养，不必经过特殊的训导。如果水族箱中有地毯海葵，它们会很快居住到里面去。当其他海葵被混养在一起时，它们首先选择的肯定是地毯海葵。

开动脑筋

1. 黑双带小丑鱼的嘴部是什么颜色？
2. 野生红双带小丑鱼喜欢吃哪些食物？
3. 红双带小丑鱼会在什么时间睡觉？喜欢在哪里睡觉呢？

Part 2 小　丑　鱼

海洋探秘系列　观赏鱼探秘

大堡礁双带小丑

　　大堡礁双带小丑栖息于潟湖和外礁区水深 1～25 米之间的水域，它们的身体颜色为棕褐色，眼睛前方的位置为灰红色，眼睛后方有白色镶黑边的宽环带，背鳍、胸鳍、腹鳍和臀鳍均为棕黄色，尾柄和尾鳍呈白色。大堡礁双带小丑最大可以长到约 9 厘米长，成鱼身体呈椭圆形而侧扁，口比较短，看起来较大，喜欢吃浮游生物以及无脊椎动物。

如何饲养大堡礁双带小丑

　　如果想要饲养大堡礁双带小丑，需要先准备一个至少能装 130 升水的鱼缸，并在鱼缸里搭建许多可以让它们藏匿的洞穴。平时可以喂它们冰冻的鱼虾肉、人工生产的海水鱼饲料，也可以喂它们吃一些无脊椎动物。饲养者不用担心鱼缸里的珊瑚会被大堡礁双带小丑破坏，因为它们很少啃咬珊瑚。如果在鱼缸内养一些奶嘴海葵、公主海葵、紫点海葵、白地毯海葵或地毯海葵，就可以看到它们和海葵共生的自然现象。

太平洋双带小丑

　　太平洋双带小丑生活在澳大利亚昆士兰和新几内亚至马绍尔群岛等珊瑚礁海域，它们栖息在珊瑚礁外斜坡间 1～30 米深的水域，与奶嘴海葵、念珠海葵、紫点海葵、公主海葵、白地毯海葵以及地毯海葵共生。太平洋双带小丑的身体呈椭圆形，体色为棕黑色，3 条白色半环带分别位于眼睛后方、胸腹部和臀部，胸鳍和背鳍为黄色。它们喜欢吃浮游生物、桡足类、海藻以及无脊椎动物。

海洋万花筒

　　小丑鱼和人类一样，喜欢群居生活，它们经常成群结队地生活在海葵里。小丑鱼鱼群的首领是鱼群中体型最大的鱼，并且一定是一条雌鱼。鱼群的副首领则是一条雄鱼。等到身为首领的雌鱼死了，身为副首领的雄鱼就会摇身一变，成为一条雌鱼统领鱼群。

Part 2 小　　丑　　鱼

阿氏双带小丑

阿氏双带小丑的体色为棕黑色，胸腹部和臀部为黄色，两条白色环带分别在眼睛的后方、背鳍中段和尾柄处，白色环带比较窄。阿氏双带小丑的身体呈椭圆形，略微有些扁，长至成年后，体长最大可以达到15厘米。它们喜欢与奶嘴海葵、念珠海葵以及地毯海葵共生，主要食物是浮游生物以及一些无脊椎动物。

海洋万花筒

阿氏双带小丑、大堡礁双带小丑和太平洋双带小丑的长相都比较相似，它们的主要区别在于：大堡礁双带小丑的体色为棕褐色，身体中央的白带为跨越背鳍的环带，而太平洋双带小丑和阿氏双带小丑则为黄黑色，白带只达背鳍基部，并不向上穿越。简单地说，大堡礁双带小丑的身上有棕褐色、棕黄色和白色；太平洋双带小丑的身上有黄色、黑色和白色；阿氏双带小丑的身上则只有白色和黄色。

红海双带小丑

红海双带小丑是一种体色艳丽的小型热带鱼类，它们广泛分布在西印度洋、红海与查戈斯群岛，喜欢在沿岸的岩石和珊瑚礁之间生活。红海双带小丑对伴侣很忠诚，实行"一夫一妻"制。它们行动迅速，主要食物是浮游生物、桡足类、海藻以及无脊椎动物。

查戈斯双带小丑

查戈斯双带小丑的体色为橙黄色，在眼睛的后方有一条镶黑边的白色半环带，在背鳍至尾柄处另有一条比较窄的白竖带，背鳍、胸鳍、尾鳍的颜色跟体色基本一致。从外貌来看，查戈斯双带小丑和红海双带小丑很相似，它们的主要区别在于红海双带小丑的体色偏黄色，而查戈斯双带小丑的体色更接近橙色。

开动脑筋

1. 除了上面这些双带小丑鱼外，你还知道哪些不一样的双带小丑鱼？
2. 双带小丑鱼的种类很多，外形很相似，怎样来分辨它们呢？
3. 红海双带小丑和哪一种鱼类很相似？

Part 2 小丑鱼

海洋探秘系列 观赏鱼探秘

咖啡小丑鱼、银线小丑鱼

咖啡小丑鱼、银线小丑鱼、透红小丑鱼、克氏双带小丑都是雀鲷科、海葵鱼亚科的观赏鱼类。它们有的生活在太平洋的珊瑚礁海域；有的生活在印度洋或波斯湾海域。这些小丑鱼身上都有亮丽的色彩，身上的环带也十分引人注目。

咖啡小丑鱼

咖啡小丑鱼的学名叫作颈环双锯鱼，有时也叫粉红小丑鱼、粉红双锯鱼。它们的身体呈椭圆形，略微有些扁，体色为橘红色，它们有两条白环带，在头部与躯干之间有一条，另有一条垂直的白色环带比较窄，位于身体的后半段。咖啡小丑鱼喜欢在30多米深的珊瑚礁海区生活，以浮游生物和藻类为食。

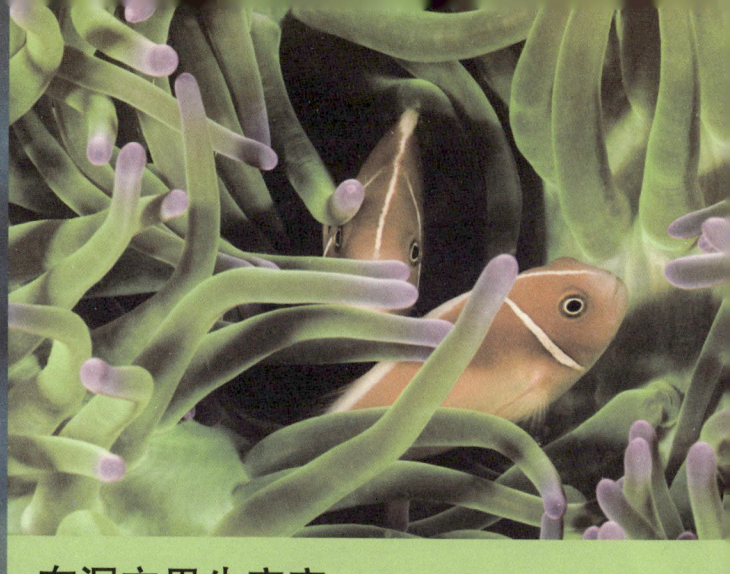

在洞穴里生宝宝

咖啡小丑鱼实行"一夫一妻"制,它们以小群体的形式在一起生活,其中较大的鱼是雌性。咖啡小丑鱼喜欢把卵产在洞穴里,很难让它们在暴露的岩石上产卵。可以提供倒置的花盆或空心砖,让咖啡小丑鱼安心地在里面产卵,这跟眼斑双锯鱼很相似,它们会把卵产在花盆内壁上。雄性咖啡小丑鱼很负责任,用心照顾卵,直到卵孵化出幼鱼。

海洋万花筒

从海域范围来说,咖啡小丑鱼广泛分布于印度洋至太平洋,由圣诞岛至萨摩亚和汤加,北至琉球群岛,南至大堡礁及新喀里多尼亚。在中国主要分布于台湾南部、西南部、东南部、小琉球和绿岛等海域及南海。

温顺和气的咖啡小丑鱼

咖啡小丑鱼比较温顺和气,很少会跟其他小丑鱼打架。可以用很小的水族箱来饲养,如果你的水族箱足够大,可以饲养一大群。它们与地毯海葵、紫点海葵、红肚海葵等都可以产生共生关系,巨大的地毯海葵可以成为好几对咖啡小丑鱼的家。最好不要把咖啡小丑鱼混养,因为这种小丑鱼实在是太软弱了,而且个体也小,很容易受欺负。

Part 2 小丑鱼

海洋探秘系列 观赏鱼探秘

太平洋银线小丑

太平洋银线小丑生活在西太平洋的珊瑚礁海域，它们的身体呈椭圆形而侧扁，体色为橙红色，从头背部至尾柄部生有一条白色的纹带，十分醒目。它们的最大体长可达14厘米。它们通常成对或小群生活，喜欢吃浮游生物和无脊椎动物，与紫点海葵和地毯海葵共生。

奇闻逸事

太平洋银线小丑的体型虽小，却是最易人工喂养的鱼种。它们能容忍亚硝酸盐稍高的劣质水质，水温控制在26℃，可喂一些藻类、动物性食物及安全的人工饲料，如果和海葵一起共养就更好了。曾经有人在大型岩礁造景水族箱中饲养孵化它们，但是，由于水族箱水量大，珊瑚岩石缝隙交错，无法捞取其中的鱼苗，最后这些鱼苗很快成为其他鱼儿的食物，令人非常心痛。

印度洋银线小丑

印度洋银线小丑为雀鲷科、双锯鱼属的一种鱼类,学名叫作背纹双锯鱼。其最大体长可达11厘米,体侧扁,口小。整体的体色是橘色的,具有一条沿着头部到尾柄顶端背部的、细的白色斑纹,背鳍为软条白色或黄色,剩下的鳍与体色一致。它们分布于菲律宾、印度尼西亚、安达曼群岛,属于海洋暖水性鱼类,栖息于珊瑚礁或岩礁间。

海洋万花筒

印度洋银线小丑与太平洋银线小丑的区别在于,印度洋银线小丑的白带自头部之后开始往后延伸,而太平洋银线小丑的白带则自上唇开始往后延伸。

开动脑筋

1. 太平洋银线小丑最大可以长到多少厘米?
2. 印度洋银线小丑的学名叫作什么?
3. 太平洋银线小丑人工喂养容易存活吗?

海洋探秘系列 观赏鱼探秘

Part 2 小　　丑　　鱼

透红小丑鱼

透红小丑鱼的学名叫作棘颊雀鲷，它们被归到棘颊雀鲷属，这在小丑鱼家族中算是单独的一类。透红小丑鱼全身为浓艳的紫褐色，各鳍呈紫红色，有3条银白色环带贯穿全身，分别位于眼睛后方、背鳍中间、尾柄处。透红小丑鱼的游泳姿势非常美丽，它们一般都是竖立起所有的鳍，像蝴蝶一样在水中游动。透红小丑鱼喜欢在珊瑚礁区觅食，喜欢与紫点海葵和奶嘴海葵共生，对其他海葵不太感兴趣。它们喜欢觅食各类有机物碎屑及小型动物。

对伴侣很忠诚

透红小丑鱼的寿命很长，成熟时间也很晚，至少是5岁以上的雌性才具备繁殖能力。它们是"一夫一妻"制，伴侣相互很忠诚，每日形影不离，往往一条被捕捉后，另外一条也不会逃跑。透红小丑鱼喜欢把卵产在光滑的石头表面，雌鱼成年后，体色会变成暗红色，有的近乎成了棕色；而雄鱼的体色永远可以保持鲜亮的红色。

奇闻逸事

同性的两条透红小丑鱼不能放在一起养，不然会打斗不休。如果水质不好或硬度不够，透红小丑鱼会在饲养一段时间后逐渐褪色，由红色变成橘红色，再变成完全的橘色。

克氏双带小丑

克氏双带小丑的身体呈椭圆形，成鱼体色为黑色，头部和胸腹部为黄色，眼睛后方和体侧中后方各具一条宽阔的白竖带。背鳍为黑色，软条部为黄色，剩下的鳍均为黄色，尾柄处有一条白色窄环带。克氏双带小丑的最大体长约为15厘米，它们喜欢在潟湖和外礁斜坡水深1～55米之间的水域生活。它们主要以浮游生物、桡足类、海藻以及无脊椎动物为食。一个400升的水族箱可以饲养3～4对克氏双带小丑"夫妻"，虽然这些"家庭"经常会发生争端，但是打斗不太激烈。只要水质和温度合适，它们就会在水族箱中产卵，小鱼的成活率高于其他品种的小丑鱼，适合喜欢繁衍海水鱼的新手饲养。

> **开动脑筋**
>
> 1. 透红小丑鱼和其他的小丑鱼有什么不同？
> 2. 小丑鱼可以说是一种雌雄同体的鱼类，这种说法对吗？
> 3. 透红小丑鱼的伴侣被捕捉了，它会逃跑吗？

地域分化的克氏双带小丑

克氏双带小丑的原产地为印度洋至西太平洋的珊瑚礁海域，分布范围包括波斯湾至西澳大利亚、印澳群岛和西太平洋的部分岛屿。在不同的海域生活的克氏双带小丑，其体色会有所不同。其中一种较为常见的是尾鳍前端白色，后端灰白色透明，上下叶具黄色缘；另一种则更为特别，眼睛前方至吻部为灰白色，尾鳍灰白色透明且上下叶具黄色缘，剩下的鳍和胸腹部均为黑色。

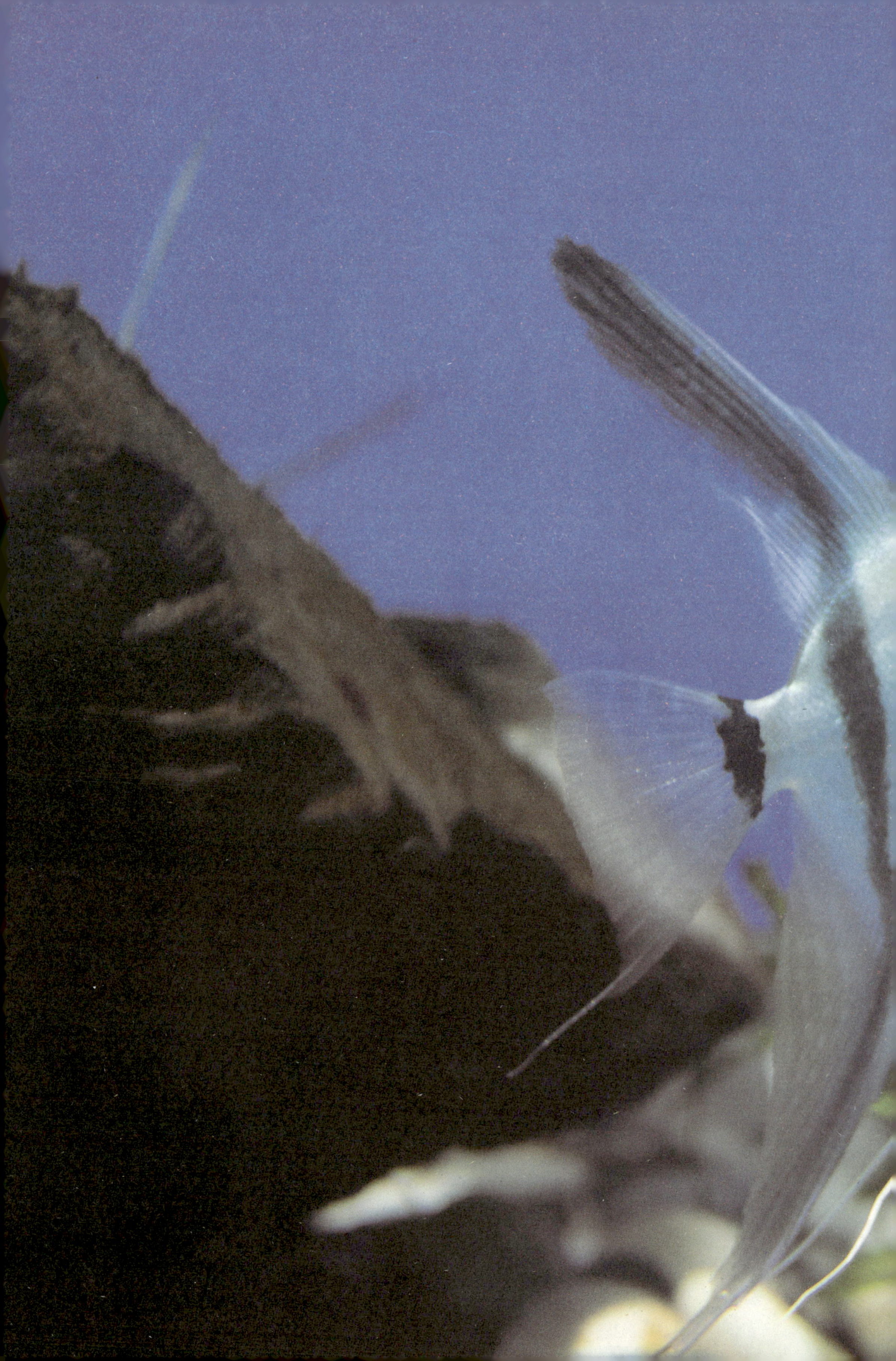

Part 3
神仙鱼

神仙鱼大多具有强健而优美的外形、鲜艳华丽的颜色，可以说是水族箱中的耀眼之星，被称为"热带鱼皇后"。神仙鱼的背鳍和臀鳍又长又大，挺拔如三角帆，因此有小鳍帆鱼之称。从侧面看，神仙鱼游动起来像燕子翱翔，有时也叫燕鱼。

Part 3 神仙鱼

海洋探秘系列 观赏鱼探秘

皇后神仙鱼、蓝环神仙鱼、蓝纹神仙鱼

海水神仙鱼实际上就是盖刺鱼科或棘蝶鱼科的观赏鱼，有40～50个品种，其中包括刺盖鱼属、刺蝶鱼属和月蝶属等，比较著名的有皇后神仙鱼、蓝环神仙鱼、蓝纹神仙鱼等品种。

皇后神仙鱼

皇后神仙鱼的学名是主刺盖鱼，也叫条纹盖刺鱼、大花面、蓝圈，它们的身体呈卵圆形，体色为金黄色，全身布满了蓝色纵条纹，在蓝色的底色上横向排列着15～25道黄色斑纹，在胸鳍基部至腹部另有一个长形的蓝黑色斑块。健康成鱼的蓝色部分会呈漂亮的萤蓝光，臀鳍上也会有蓝色花纹。

皇后神仙鱼宝宝

皇后神仙鱼的幼鱼叫蓝圈神仙鱼，全身都是深蓝色的，有若干白弧纹，与尾柄前的白环形成同心圆，随着逐渐长大，身体上的白弧纹越多。亚成鱼的体色逐渐偏黄褐色，白弧纹也逐渐变成了黄纵纹。

皇后神仙鱼的成长环境

在从幼鱼到成鱼的过程中，皇后神仙鱼是在各种不同的环境下成长生活的。皇后神仙鱼幼鱼喜欢在各种空隙处活动；亚成鱼则在前礁洞和波涛汹涌的水道区觅食、生活；成鱼栖息于珊瑚茂盛的清澈潟湖、海峡和面海礁石水域的暗礁和洞穴中。它们以海绵、被囊类、附着生物和藻类等为食。

在领地内生活

皇后神仙鱼的领域性很强，它们通常单独或成对活动，也有一条雄鱼配多条雌鱼的小群体出现。成鱼和亚成鱼在自己的领地会驱赶比自身大得多的鱼类。成鱼还会发出"咯咯"的声音以吓退侵犯者，也会攻击其他同类或不同类的鱼。

海洋万花筒

皇后神仙鱼实行的是"一夫多妻"制，每年繁殖一次。产卵期在8月和9月。每条雌鱼都有自己的领地，雌雄双方在水流上升中相互环绕完成交配。

Part 3 神仙鱼

皇后神仙鱼生病了

　　皇后神仙鱼是刺盖鱼属中最容易饲养的品种，但是，有时有些皇后神仙鱼的面部呈灰色、深蓝色或咖啡色，这表明它们生病了。如果发现皇后神仙鱼的白色花纹和蓝色基色浑浊，眼睛没有光泽，或者行动比较呆滞、胆怯怕人，那么它们就是不健康的。健康的皇后神仙鱼的面部白色部分很鲜亮，而且有光泽。它们还会在水族箱中游来游去，不停地寻找食物。因此，挑选皇后神仙鱼时，需要格外关注鱼的面部颜色和游泳姿态。

海洋万花筒

　　皇后神仙鱼并不挑食，各种饵料、鱼肉、虾肉、白菜、颗粒或薄片饲料，它们都不拒绝。对于那些长得比较大的成鱼，最好喂食稍大一点的鱼肉丁或颗粒饲料，否则太小的话它们会不屑去吃，从而造成它们吃不饱，抵抗力下降。

　　皇后神仙鱼非常喜欢吃脑珊瑚、手指珊瑚和砗磲贝，饥饿的时候还吃其他珊瑚，甚至可以吞下小鱼，所以不适合在礁岩水族箱中饲养。

> 小贴士
> 2.蓝纹海仙鱼与皇后神仙鱼不一样，领地意识较强，分布范围均在西南太平洋。
> 3.40~45厘米。

蓝纹神仙鱼

蓝纹神仙鱼全身覆盖着棕金色的鳞片，身体表面散布着蓝色的斑点，犹如湛蓝天空中出现的点点云彩，是一种十分具有观赏性的鱼类。它们的领地意识很强，如果有同种类或其他鱼类闯入领地，会发生激烈的争斗。成年蓝纹神仙鱼能长到40～45厘米，属于刺盖鱼属中的大型鱼类。蓝纹神仙鱼是杂食性的鱼类，通常独自生活在珊瑚礁区的洞穴中，主要以海藻、海绵和海鞘等被囊动物为食。

蓝纹神仙鱼幼鱼

蓝纹神仙鱼幼鱼的体色为深蓝色，散布着蓝、黑、白三色条纹，条纹呈半圆形或直线形，通常是尾部为半圆形条纹，过渡到头部变为直线形条纹。幼鱼喜欢在较浅的水域生活。它们生性机警，一旦发现风吹草动，就迅速钻进洞穴中躲避。

开动脑筋

1. 皇后神仙鱼如果行动呆滞、胆怯怕人，说明什么？
2. 蓝纹神仙鱼和皇后神仙鱼有什么不一样的地方？
3. 蓝纹神仙鱼最大可以长到多少厘米？

Part 3 神仙鱼

蓝环神仙鱼

蓝环神仙鱼是刺盖鱼属中的鱼类，在同类鱼中属于体型较大者。它们广泛分布在印度洋非洲东岸，经印度至印度尼西亚，北至日本。中国产于西沙群岛和台湾海峡。蓝环神仙鱼喜欢在海底岩石、珊瑚礁等有坚硬底部的区域生活，通常在水深小于30米的水域中活动，以底栖无脊椎动物为食，如浮游生物、海绵、被囊动物以及珊瑚虫，也吃海鞘、藻类、水草和小鱼等。经常夜间成群聚集于海底岩洞，白天则单独或结对觅食。

蓝环神仙鱼特征

蓝环神仙鱼的身体呈卵圆形，幼鱼的体色为黑白相间，弯曲的蓝色条纹匀整地排列体侧。尾鳍为橘红色至红褐色，在胸鳍至背鳍软条部有3～5道深蓝色的弧形纹，另外，体侧有数条新月形的白横带。成鱼的体色为黄褐色或灰褐色，胸鳍至背鳍软条部有5～7条蓝弧形纹，白横带消失了。

奇闻逸事

如果碰见一条什么都不肯吃的蓝环神仙鱼，可以尝试将鲜活的蛤瓣开双壳投入水族箱，这样会刺激它们的食欲。这种鱼非常喜欢吃纽扣珊瑚和花环珊瑚，即使遇到不喜欢吃的珊瑚品种，它们也会用其来磨牙。

求偶生育

蓝环神仙鱼长大后，会经历一个求偶过程，求偶成功后，雌鱼和雄鱼会缓慢地游向水面开始交配。通常每次产卵被认为只在一雌一雄间单配，但是在鱼群中，雄鱼可能不止一个配偶。产卵一般始于黄昏降临，初生的幼虫呈柳叶状，在继续发育成幼鱼前的一个月中和浮游生物一同生活。

海洋万花筒

蓝环神仙鱼在本属鱼类中属于身体最强壮的一类，它们的脾气暴躁，如果第一次被放进水族箱里，它们会不停地到处乱撞。体长20厘米以下的蓝环神仙鱼容易接受人工饲料，体长30厘米的成鱼有时一两个月都不吃东西，它们的耐饥饿能力很强。新引进的鱼最好先以植物性食物为主，如白菜、紫菜等，逐渐加以虾肉或者贝肉，最终适应后，可以接受颗粒饲料。

开动脑筋

1. 蓝环神仙鱼喜欢吃什么食物？举两个例子。
2. 长大后的成年蓝环神仙鱼身体上的白横带还有吗？
3. 蓝环神仙鱼的雌鱼通常在一天当中的什么时间产卵？

Part 3 神仙鱼

海洋探秘系列 观赏鱼探秘

法国神仙鱼、紫月神仙、马鞍神仙鱼

法国神仙鱼属于棘蝶鱼科，紫月神仙也叫斑纹刺盖鱼，多产于红海，因此也称作红海紫月。这些神仙鱼原本是在海洋里捕捞获取，目前也可由人工繁殖获取。马鞍神仙鱼的尾柄处有一块形状好似马鞍的带蓝边的黑斑，它们的胆子很小，在新环境中会先躲藏起来。

法国神仙鱼

法国神仙鱼的身体上有明显的条纹，人工饲养时，适合水温26℃、海水比重1.022、水量400升以上的水族箱。它们主要栖息在加勒比海、太平洋的珊瑚礁海域。

生育后代

法国神仙鱼长到25厘米时性成熟。一雌一雄两条鱼会在礁石上方游弋，期间有几次短暂的追逐。如果有其他鱼类靠近这对鱼，很快就会被它们赶走。两条鱼游得很慢，在水柱中上升，把它们的排气口靠近，将卵子和精子释放到水中。在产卵期间，可以产卵25 000～75 000颗。产卵期为4—9月。凌晨在暗礁区产卵。孵化后的幼鱼喜欢生活在浮游生物中，长到大约15毫米长后就会定居在珊瑚礁上。

法国神仙鱼幼鱼

　　法国神仙鱼幼鱼的体色为深棕色至黑色，鳍上有3道粗而垂直的黄色条纹。随着幼鱼的成熟，除了鱼体前部的鳞片仍然是黑色的外，身体其他的鳞片都像成鱼的鳞片——黑色且边缘为黄色。法国神鱼仙幼鱼与弓纹刺盖鱼（又称为灰神仙鱼）幼鱼相似，只不过前额下方有一条黄色的带子，止于上唇根部，然后裂开并继续绕着嘴。黄斑刺盖鱼幼鱼也有同样的黄色条纹，一直延伸到前额，但是一旦到达嘴唇就会停止。

海洋万花筒

　　正常情况下，法国神仙鱼总是成双成对地出现，只要对方还活着，它们都会一直在一起，仿佛是一对鸳鸯，被视为一种忠贞动物。它们不仅以藻类和碎屑为食，也会以笛鲷、海鳗、髭鲷鱼等鱼类身上清除的体外寄生虫为食。

Part 3 神仙鱼

海洋探秘系列 观赏鱼探秘

法国神仙鱼"绝食"现象

如果刚刚引入水族箱中饲养，法国神仙鱼或许会"绝食"抗议，因为它们很不适应水族箱中狭小的环境。面对"绝食"现象，可以用新鲜的海藻和可口的虾肉来引起它们的食欲，还可以放一些小型的雀鲷在它们周围，"教会"它们这里的食物是可以食用的，或者放一块小的活珊瑚也可以，总之，要尽量让鱼在3周内开始进食，否则就危险了。法国神仙鱼幼鱼就不用这么麻烦，放在水族箱中，它们自己就会找吃的，一周内就可以完全接受人工颗粒饲料。

海洋万花筒

法国神仙鱼的生长速度很慢，10厘米以下的幼鱼需要3～5年才能长到30厘米，它们成熟后异性间很少互相攻击。但雌雄分辨难度很大，简直长得一模一样。幼鱼不论雌雄都会互相攻击，所以不可以同时饲养两条，但如果同时放养6条以上却可以相安无事。在混养时，个体差异越大，互相攻击的可能性就越小。

开动脑筋

1. 法国神仙鱼要多久才能长到30厘米呢？
2. 马鞍神仙鱼的身体是什么颜色呢？
3. 马鞍神仙鱼会吃海绵吗？

马鞍神仙鱼

马鞍神仙鱼的身体呈椭圆形，体色为金黄色，眼睛下方有一条蓝色环带，头顶浅蓝色，脸颊鲜黄色，嘴蓝色，鳃盖后有一道蓝色条纹，体表密布黑色珠点。由于它们的尾柄处有一个带蓝边的黑斑，形状好似一个马鞍，因此而得名。通常，马鞍神仙鱼幼鱼的胆子很小，在新环境中会先躲藏起来。它们喜欢吃海藻、冰冻鱼虾肉、海水鱼颗粒饲料等，也喜欢啄食软珊瑚、海绵。

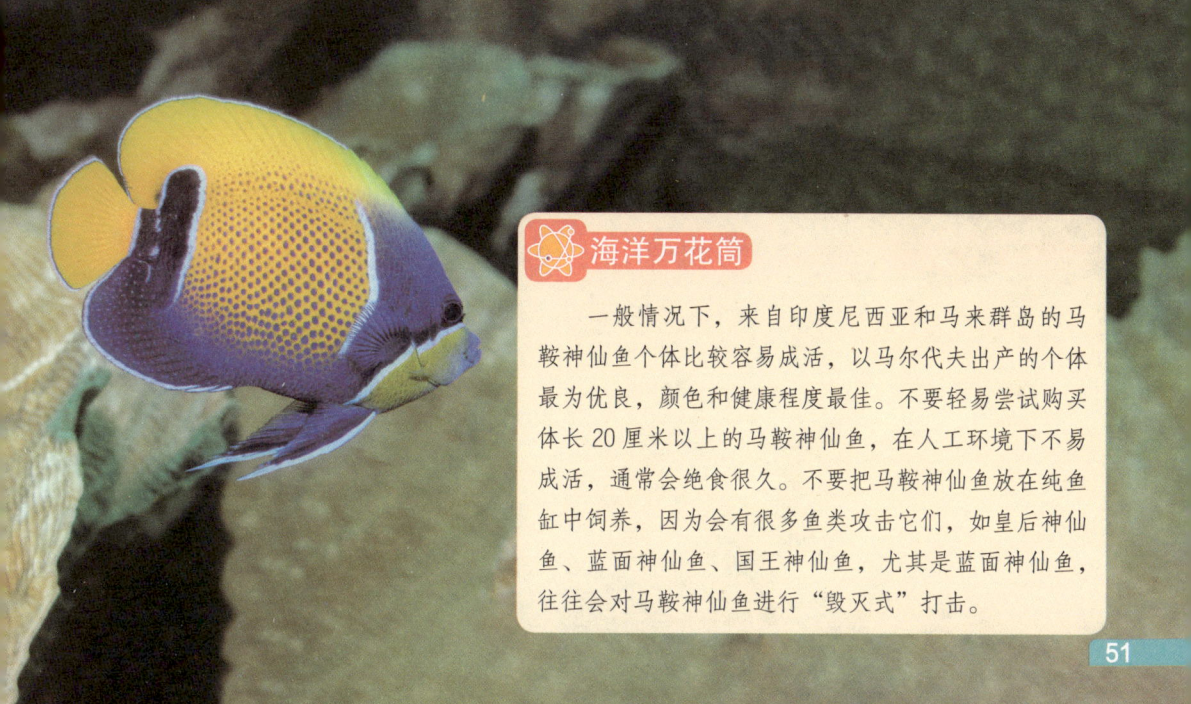

海洋万花筒

一般情况下，来自印度尼西亚和马来群岛的马鞍神仙鱼个体比较容易成活，以马尔代夫出产的个体最为优良，颜色和健康程度最佳。不要轻易尝试购买体长20厘米以上的马鞍神仙鱼，在人工环境下不易成活，通常会绝食很久。不要把马鞍神仙鱼放在纯鱼缸中饲养，因为会有很多鱼类攻击它们，如皇后神仙鱼、蓝面神仙鱼、国王神仙鱼，尤其是蓝面神仙鱼，往往会对马鞍神仙鱼进行"毁灭式"打击。

Part 3 神仙鱼

海洋探秘系列 观赏鱼探秘

紫月神仙

　　紫月神仙的学名叫作斑纹刺盖鱼，大多产于红海，因此也被称作红海紫月、半月神仙，它们深受人们的欢迎，是一种大型观赏神仙鱼。紫月神仙在阿拉伯海和东非沿岸也有捕获的记录。2003年，我国台湾的观赏鱼养殖场成功在人工环境下繁殖了紫月神仙。因此，目前在市场上流通的紫月神仙幼鱼大多为人工繁育的后代。这不仅对保护原产地的野生种群有益，而且人工改良的紫月神仙还偶然出现了身体上的月牙花纹呈白色的个体，被称为"白紫月"。

任何东西都想尝一口

　　不要试图把紫月神仙和珊瑚放在一起饲养，成年的紫月神仙喜欢啃咬任何珊瑚和软体动物。也不要在饲养它们的水族箱中贴装泡沫材料的背景装饰板，这种神仙鱼喜欢啃咬任何能啃咬的东西，然后把它们咽到肚子里，如果吞食了太多塑料泡沫，会导致阻塞肠、胃而死亡。

好看的外表

紫月神仙幼鱼的体色为深蓝色，有几道白色条纹。随着幼鱼逐渐长大，身体上会逐渐出现大块色斑，白色条纹逐渐消失。身体长到7～10厘米后，出现的大块色斑会变成亮黄色，尾巴也变为亮黄色。成鱼后，身体会变成美丽的金属蓝，身体的大块色斑更鲜明。

凶猛的性情

紫月神仙是一种非常凶猛的神仙鱼，特别是成熟的野生个体，在水族箱中经常喜欢袭扰其他神仙鱼。由于其体幅宽、个体大、强壮有力，少有其他品种的神仙鱼可以抵挡住它们的攻击。健康程度极佳的紫月神仙的背鳍末端会生长和身体等长的鳍丝，如同戏曲中大将军头上插的翎羽。

海洋万花筒

野生的紫月神仙十分强壮易养，普通海水观赏鱼能适应的水质和温度它们都可以适应。如果是饲养野生个体，可以适当调高海水比重，如1.025，这样会让紫月神仙的颜色更鲜艳，活跃程度也更高。

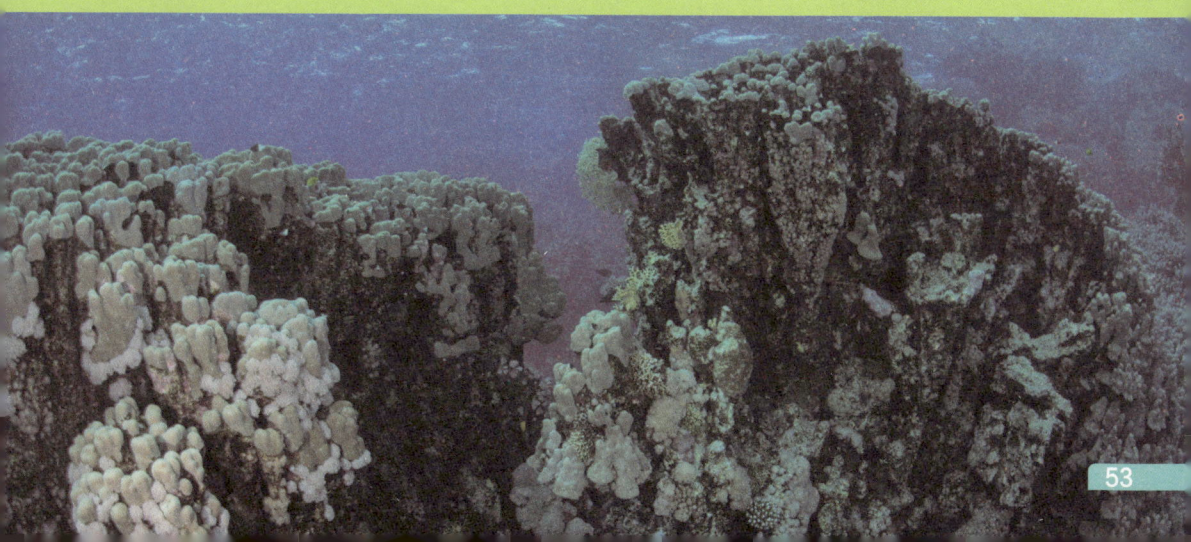

Part 3 神仙鱼

女王神仙与火焰神仙鱼

女王神仙与火焰神仙鱼都是盖刺鱼科中的鱼类，它们分别属于刺蝶鱼属和刺尻鱼属。在观赏鱼领域，女王神仙十分有名，它们的幼鱼拥有特别鲜艳而丰富的颜色，让人过目难忘。火焰神仙鱼的体色鲜红艳丽，是唯一有鲜红色彩的盖刺鱼。它们的性情比较温和，很少去欺负其他属的小鱼。

女王神仙

女王神仙的学名为额斑刺蝶鱼，它们的身体呈椭圆形侧扁，有鲜明的蓝色轮廓和数条鲜蓝竖纹，全身密布网格状具蓝色边缘的珠状黄点，深蓝色背鳍和臀鳍有宝蓝色的边线，背鳍前有一个蓝缘黑斑，鳃盖有蓝点，鳃盖后部及胸鳍基部为鲜黄色，眼睛周围为蓝色，胸鳍基部有蓝色和黑色斑。成鱼体长可以达到约45厘米，重约1.6千克。

女王神仙幼鱼

女王神仙幼鱼的体色为不均匀的条状蓝黄色或纯黄色图案，在成长的过程中，幼鱼体侧和头部的蓝纹逐渐消失，体色也逐渐变为蓝绿色。成鱼体色为鲜黄色、绿色或金褐色，体表鳞片错落有致。

冰蓝太后

女王神仙在海水观赏鱼中十分有名，尤其是女王神仙幼鱼，其艳丽而丰富的体色通常使人看后难以忘怀。我国香港地区把它们称为"冰蓝太后"。

在百慕大附近水深 80～90 米的海域分布的品种，体色看起来比普通品种更美丽，成鱼体色为水蓝色并富有光泽，数量稀少，身价不菲。它们通常单独或成对栖息于靠近海岸的礁区，喜欢生活在有海鞭、海扇及石珊瑚的礁区。

海洋万花筒

女王神仙季节性繁殖，高峰期每年一次，它们在临近黄昏的日落时分产卵，雌鱼一夜排卵 25 000～75 000 颗，鱼卵受精后顺水流浮动，经历 15～20 小时的孵化，柳叶状稚鱼在水中诞生，在随后的 48 小时，初生稚鱼以吸收卵黄囊存活。稚鱼以浮游生物为食并迅速成长。

爱吃海绵的女王神仙

女王神仙非常喜欢吃海绵，也会吃少量的藻类、被囊动物、水螅及苔藓虫类；幼鱼偶尔会吃其他鱼身上的寄生虫。这种鱼能适应不同盐度的水质，如果放入水族箱里饲养，可以很快适应环境，但是放入水族箱时会具有很强的攻击性。

海洋探秘系列 观赏鱼探秘

Part 3 神仙鱼

为争夺领地打斗

女王神仙的领地意识很强，它们会攻击入侵的同类或其他鱼类。不要把成年的女王神仙和哥迪士神仙饲养在一起，它们是自然界中的死敌。如果混养不同种的幼鱼，要保证女王神仙的个体最大，以免受欺负。成年的女王神仙不喜欢吃珊瑚，但是对软体动物非常感兴趣，饲养时不可混养五爪贝和其他贝类。如果女王神仙能在水族箱中生存半年以上，就说明它们已经适应了环境，以后会越来越好养。

"娇贵"的女王神仙

女王神仙成鱼和幼鱼的价格都不菲，幼鱼的抵抗力非常低，而且不能忍受微乎其微的氨氮含量。幼鱼对食物的要求也很苛刻，要有规律地配合投喂薄片、颗粒饲料、丰年虾等，还要给予充足的新鲜生物石，让幼鱼能自己啄食石头上天然生长出的藻类和海绵。不能用化学药剂来治疗女王神仙幼鱼身上的白点病、纤毛虫感染等寄生虫疾病，它们的抗药性很差，很容易在杀死寄生虫的时候，把幼鱼也杀死了。

海洋万花筒

女王神仙幼鱼喜欢围绕珊瑚游动，或捉弄珊瑚的触手，或啃食珊瑚上面的藻类，但很少袭击健康的珊瑚，所以可以安然地和无脊椎动物饲养在一起。

小知识

1.雌雄女王神仙鱼
2.因为它们的颜色非常美丽，活泼而且不胆小，所以很受
其他鱼们的待见。

好奇心很强

女王神仙是一种好奇心十分强的鱼，当将它们放入水族箱时，它们会一下子躲到石头后面，但不久后，强烈的好奇心就促使它们到水族箱的每一个角落去猎奇。在几小时内它们就可以游遍所有的区域。因此，这种鱼需要较大的生活空间，最好准备一个800升以上的水族箱。如果水族箱的空间太小，女王神仙就会抑郁，或许还会绝食。

开动脑筋

1. 女王神仙和哪一种鱼是死敌？
2. 为什么不能用化学药剂来帮助女王神仙幼鱼祛除寄生虫疾病？
3. 女王神仙为什么在狭窄的空间内脾气会变得很暴躁？

57

海洋探秘系列 观赏鱼探秘

Part 3 神仙鱼

火焰神仙鱼

　　火焰神仙鱼的体色鲜红艳丽，是唯一有着鲜红色彩的盖刺鱼。它们的身体上有垂直细长的黑色斑点，背鳍、臀鳍主要为橘红色，从鳃盖后面至尾柄以及尾鳍为金黄色，上面有3～4道垂直条纹。背鳍及臀鳍有紫色边缘，并逐渐变宽与鳍后部的黑色条纹相结合。火焰神仙鱼的性情比较温和，身体大约可以长到15厘米长。因其本身和大神仙鱼类群有亲缘关系，体型又偏小，又被称为"小神仙鱼"。国外的观赏鱼爱好者因为它们红色的体色而称其为"喷火神仙""火焰仙"。

在倾倒的花盆里产卵

　　火焰神仙鱼喜欢在洞穴里产卵，如果在水族箱里饲养火焰神仙鱼，可以放置倾倒的花盆或一段塑料管，这样它们就能找到"家"的感觉了。火焰神仙鱼从来不挑食，但是要用高品质的颗粒饲料投喂，摄入充足的蛋白质和粗纤维，可以让它们身体上的红色更艳丽。

海洋万花筒

　　如果饲养的火焰神仙鱼不肯吃或吃不到它们喜欢的食物，就要供应新鲜的藻类，若是能生长在岩石上的藻类就更好了。还要检查水质，放置一些刚刚打开的贝类在火焰神仙鱼的藏身地点，并且要防止火焰神仙鱼和其他鱼类打架，否则会引起它们"绝食"抗议。

开动脑筋

1. 怎样才能让火焰神仙鱼的体色更鲜艳?
2. 火焰神仙鱼喜欢在什么地方产卵?
3. 火焰神仙鱼身上如果出现白点了,会自愈吗?

不喜欢淡水浴

虽然大部分火焰神仙鱼不怕淡水浴,但是也有一些会在淡水中痉挛死去。如果天气太热了,就要给水族箱降温,水族箱的温度过高,产生的细菌会伤害到火焰神仙鱼。特别要注意的是,不要用药物浸泡它们,通常火焰神仙鱼有一定的抵抗力,有些白点和溃疡是可以自愈的。将火焰神仙鱼幼鱼和其他幼鱼混养时,要尽量保持火焰神仙鱼幼鱼大于其他幼鱼,这样才能避免它们被欺负,导致"悲剧"发生。

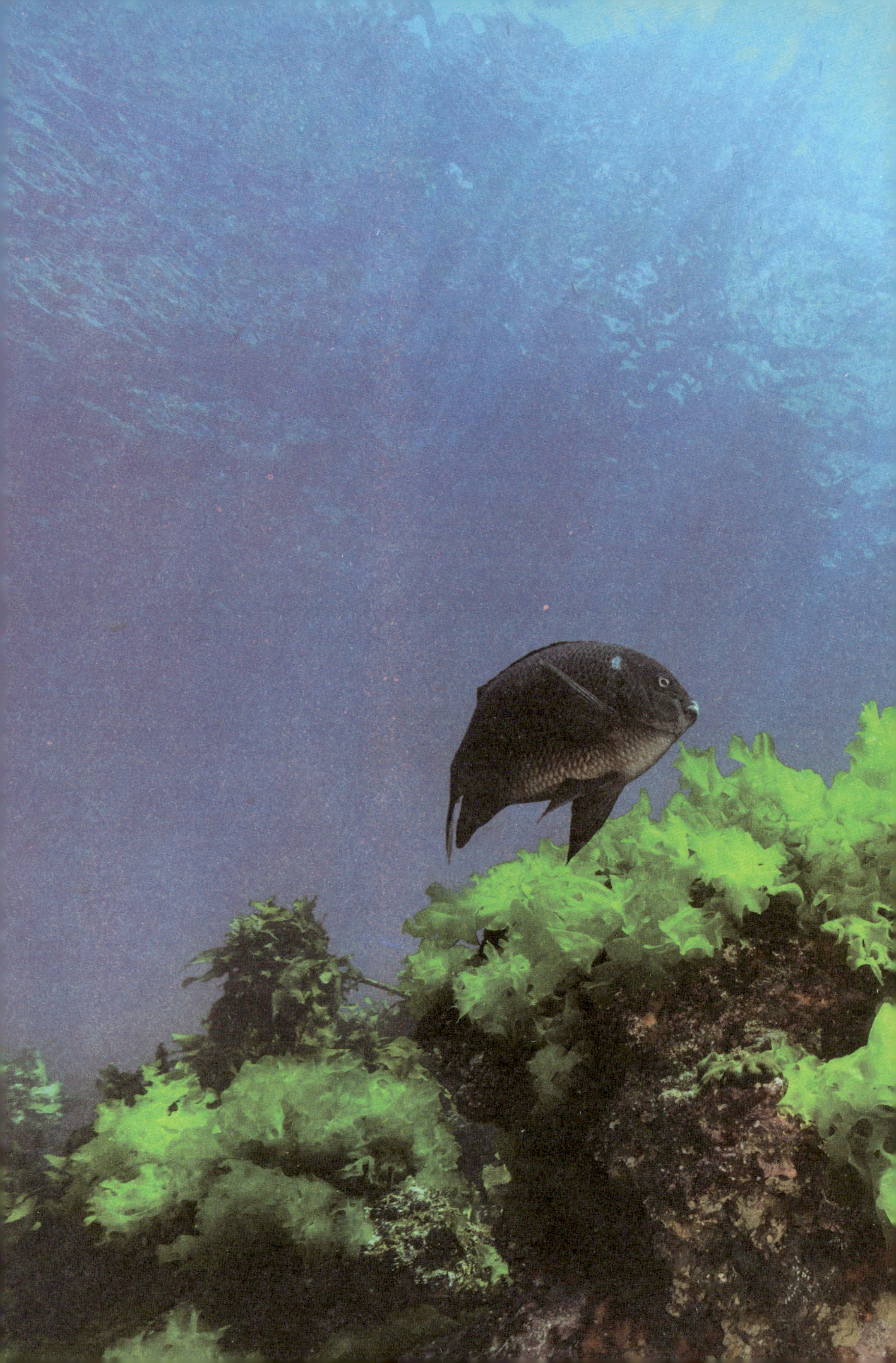

Part 4
雀鲷

雀鲷是一种颜色艳丽、身体娇小的小型珊瑚礁鱼类，极具观赏价值。它们的种类很多，小的体长仅有2～3厘米，大的体长可达10厘米。比如，双锯鱼、宅泥鱼、豆娘鱼都是雀鲷科的鱼类。蓝雀鲷通体蓝色，腹部和尾部为米黄色；三斑雀鲷全身黑色；光鳃鱼身体的上半部分为粉红色，下半部分为灰绿色；豆娘鱼的身上有6道深绿色的条纹，其中黄、蓝相间。雀鲷喜欢吃小型的无脊椎动物以及一些幼鱼，它们经常在珊瑚礁中流连回旋，如果食物缺乏了，会游到远方的珊瑚礁上寻找食物。

海洋探秘系列 观赏鱼探秘

Part 4 雀鲷

三点白、三间雀和四间雀

三点白的性情比较凶猛，适应能力很强，在任何条件的海水中都能生活。三间雀和四间雀分布于红海、印度洋非洲东岸至太平洋中部，北至日本以及我国南海诸岛、海南岛、台湾岛等海域。它们的身体上有几条环带，是海洋暖水性鱼类。

三点白

三点白的身体呈椭圆形，全身为浓黑色，各鳍也为黑色。三点白的身上有3处白点，分别位于背鳍前方、身体两侧，它也因此而得名。三点白长至成鱼后，白色的斑点会消失，性情也比较凶猛，适应能力很强，几乎能在任何条件的海水中生活。

海洋万花筒

三点白成鱼的体长为10～15厘米，体长5厘米以下的三点白幼鱼最具观赏价值。它们身体的颜色最黑，3个白点也很明显。体长达到10厘米以上的时候，身体的颜色几乎全变成了灰色，但是在受到人工干预和饲养后，这种鱼一般体长达到8厘米就不再长了。

寻找临时的家

三点白长大后,喜欢和海葵共生,海葵是它们的好伙伴,也是它们的家。但是,如果没有海葵,它们会怎么办呢?在没有海葵的时候,三点白会把宝石花珊瑚当成自己临时的家。夏威夷海域出产的三点白,身上拥有巨大的白斑,成熟后身体中部是白色的。马克萨斯群岛海域出产的三点白拥有银色的身体,是三点白家族中最名贵的品种。斐济和科科斯岛等南太平洋地区出产的三点白,体色为褐色,腹鳍、背鳍和尾鳍则为黄色。

海洋万花筒

雀鲷科中的双锯鱼属的鱼类,如颈环双锯鱼、白条双锯鱼、黑双锯鱼、白边双锯鱼等,可以与海葵共生,而其他属的鱼却很畏惧海葵的触手,它们对海葵敬而远之。比如,宅泥鱼属中的宅泥鱼(三间雀);光鳃鱼属的条尾光鳃鱼、斑鳍光鳃鱼、黄星光鳃鱼;雀鲷属的黄鳍雀鲷、黄点雀鲷、蓝孔雀、黑背孔雀;豆娘鱼属的豆娘鱼、五带豆娘鱼、七纹豆娘鱼、孟加拉豆娘鱼、黄纹豆娘鱼等。

Part 4 雀鲷

海洋探秘系列 观赏鱼探秘

三间雀

三间雀又叫宅泥鱼、厚壳仔、三带圆雀鲷，它们的身体呈圆形而侧扁，体色为银白色，身体侧面有3条黑色横带，在吻部与眶间骨间的头背部上有一个大的褐色斑点，唇有暗色或白色的，尾鳍为灰白色；腹鳍黑色，胸鳍透明。三间雀的体长可达到8～10厘米；生长非常缓慢，通常长到7厘米需要3年以上的时间。

奇闻逸事

三间雀主要生活在红海、太平洋中部、印度洋和非洲东海岸，我国南海海域、台湾海域和海南岛也能见到三间雀。三间雀主要活动在珊瑚礁区，常常聚成一群生活，喜欢吃有机物碎屑或者小型猎物。

有侵略性的亲鱼

三间雀通常栖息于潟湖内的浅滩及亚潮带的礁石平台水域。它们的领地性很强，在繁殖后代的时候，雄鱼会邀请雌鱼在它们的巢中产卵，并且保护卵孵化，这段时期的亲鱼变得非常有侵略性，会主动攻击其他鱼类。卵孵化需要3～5天，幼鱼会进行大洋性漂浮生活，以浮游生物为食。

惊吓变色的三间雀

三间雀通常会在鹿角珊瑚丛的上方形成大的鱼群生活，也会有较小的鱼群在孤立的珊瑚顶部活动。当三间雀在群体里生活时，它们会选出一位首领，首领通常具有鲜亮的颜色，并且是最大的个体，而鱼群成员在受到首领的威吓后，头部颜色会加深，甚至还会有全身变成褐色或灰色的现象。首领会占据所有的洞穴，剩下的三间雀为了争夺贫瘠或非常狭小的缝隙也会相互示威，互相撕咬。当水族箱中有其他大型观赏鱼时，它们就无心内斗，一心只想防御强攻，彼此变得团结。

海洋万花筒

雀鲷科鱼类的生活习性在不同种间差异很大，豆娘鱼属的鱼经常会成群小范围巡游于水层中觅食浮游动物；真雀鲷属的鱼极具领域性，偏好草食性；雀鲷属的鱼遇有敌踪会迅速躲入珊瑚丛中；明眸固曲齿鲷居于亚潮带上缘之平坦礁区；迪克氏固曲齿鲷及约岛固曲齿鲷则终身生活于珊瑚丛中，约岛固曲齿鲷甚至完全以珊瑚虫为主食。

开动脑筋

1. 三间雀的亲鱼在哪一段时期变得非常有侵略性？
2. 三间雀鱼群在一起生活时，会选出一位首领吗？
3. 三间雀会在什么时候体色发生变化？

Part 4 雀鲷

海洋探秘系列 观赏鱼探秘

四间雀

四间雀和三间雀的产地基本一致,它们身体上的3道黑色和白色垂直条纹相互间隔,第四道黑纹在尾巴末端出现。四间雀在受到惊吓时不会像三间雀一样改变体色。即便生活的环境水质较差,它们的体色也不会变化。四间雀数量很稀少,因此身价高于三间雀。

凶猛好斗

四间雀成鱼的性情凶猛,这也导致它们与性情温和的鱼类混养时,会欺负那些弱小者。但是,四间雀不会伤害无脊椎动物或缸里的设施。可以与其他性情凶猛一些的鱼类混养。四间雀体长大约可以达到6厘米,极个别的能达到10厘米。

特立独行的四间雀

四间雀可以在水质极好的礁岩生态水族箱中生活，但是它们却不会在水族箱中繁殖后代，至今也不知原因，或许它们不喜欢人工饲养的环境，也或许它们的成熟期很长，这在同属鱼类中非常少见。在水族箱中健康成长的四间雀，身体会发出绚丽的蓝光，每个鳍都会镶着亮丽的蓝色边缘，十分漂亮。

海洋万花筒

四间雀和三间雀的产地基本一样，不过身价要比三间雀高一些。它们在受到惊吓或水质不好时，不会把体色调节成黑褐色，这让它们的观赏价值在本属中位列前茅。四间雀很少有见到6厘米以上的个体，虽然野生的四间雀有更大一些的记录，但是它们在水族箱里生长得十分缓慢。

开动脑筋

1. 三点白属于什么科？哪一属？
2. 三间雀和四间雀的主要区别是什么？
3. 雀鲷科都有哪些属？举几个例子。

Part 4 雀　　　　　鲷

海洋探秘系列　观赏鱼探秘

各种魔鱼

在雀鲷科的海水观赏鱼中，一类名叫魔鱼的鱼类引人注目。魔鱼是个统称，它们可以分为蓝魔鱼、黄尾蓝魔鱼、黄肚蓝魔鬼鱼和青魔鱼。它们的体色五彩缤纷，性情和生活习惯却大不相同。有些魔鱼性情凶猛，有些魔鱼则温和安静，还有些魔鱼对水质要求很高，有些魔鱼则容易养活。

蓝魔鱼

蓝魔鱼的体色为蓝色，背鳍末端有黑点，分布于热带太平洋，是一种常见的海水观赏鱼。蓝魔鱼的主要产地为菲律宾、澳大利亚、日本等海域，它们的体长约为8厘米，体格健壮，性格凶猛。蓝魔鱼的生活环境要好，若水质较差、水的硬度不够或者硝酸盐太高，它们身上的亮丽星光会慢慢消失，而且体色也慢慢地会变成灰蓝色。

欺负弱小的蓝魔鱼

蓝魔鱼的领地意识比较强，而且性情凶猛，其他小型鱼类或还未长大的大型鱼类闯入它们的领地，都会受到蓝魔鱼的攻击，如果在水族箱中饲养，建议每100升水中养一条蓝魔鱼就可以了，如果饲养空间不足100升，就不要将它们和小型鱼类放在一起，不然它们会杀死其他鱼类。

"袖珍"版雀鲷

　　黄尾蓝魔鱼是一种"袖珍"版雀鲷，它们身体的前部分为亮蓝色，尾部呈迷人的黄色，非常受欢迎。黄尾蓝魔鱼大量分布在印度尼西亚和马来西亚的海域，成年的黄尾蓝魔鱼也只有5厘米长。黄尾蓝魔鱼的适应能力很强，有很多人会在一个小的水族箱中饲养这种鱼，即便是一个小的玻璃瓶也可以养一条，需要注意的是，每周都要换水，保持水质清洁就不会出现健康问题。

有一定变色本领的蓝魔鱼

　　蓝魔鱼很喜欢袭击其他鱼类，它们喜欢藏身于洞穴中，还会在不同环境下改变体色，使自己可以更好地隐藏。它们在隐藏时可变为蓝黑色，遇到威胁时，可以把体色变为蓝色渐变色，由深蓝色变为鲜艳的亮蓝色。蓝魔鱼不会攻击无脊椎动物，它们喜欢吃浮游生物及藻类。

海洋万花筒

　　澳大利亚东部海域有一种蓝魔鱼，它们的尾部是橘红色的，又称橘尾魔。其实，它和普通蓝魔鱼是一个品种，只不过产地不同而已。在水质不良或饵料单一、没有营养的情况下，它们的橘红色尾巴也会渐渐褪色，最后变成一条普通的蓝魔鱼。

Part 4 雀鲷

黄肚蓝魔鬼鱼

黄肚蓝魔鬼鱼也叫半蓝金翅雀鲷，为金翅雀鲷属中的一种热带海水鱼类。它们分布于印度尼西亚至澳大利亚北部，喜欢在珊瑚礁附近生活。它们利用礁石藏身避敌，捕食礁石区的细小猎物。

性情温和的黄肚蓝魔鬼鱼

黄肚蓝魔鬼鱼虽然也会因洞穴的所属权与其他鱼类进行争夺，但是相比其他的品种，它们的性情要温和许多。与黄尾蓝魔鱼一样，黄肚蓝魔鬼鱼也喜欢将卵产在洞穴里。它们会在成群饲养的水族箱中寻找心仪的伴侣，组建一个小家庭。

奇闻逸事

黄肚蓝魔鬼鱼的价格与黄尾蓝魔鱼的价格差不多，但是在市场上很少见到这种鱼，一般来说，只有在印度尼西亚的贸易市场上才能见到这种鱼。从外形上看，这种鱼和黄尾蓝魔鱼没什么区别，肚子也是黄色的。

蓝天堂鱼

蓝天堂鱼的学名叫作金腹雀鲷鱼,它们的体色为明亮的黄蓝色,头部和身体的上半部为蓝色,下半部和尾巴为亮黄色,当蓝天堂鱼成群地在水族箱游动时,这种黄蓝色看上去十分美丽。蓝天堂鱼分布在太平洋中西部的密克罗尼西亚至印度尼西亚海域,喜欢在珊瑚礁附近活动,觅食礁石区的细小猎物。蓝天堂鱼在本属鱼类中体型比较大,价格也最高,成熟后体长可以达到约10厘米。

挑剔的蓝天堂鱼

蓝天堂鱼对生活环境十分挑剔,它们需要符合它们生活环境的优良水质,这样才可以保证它们体色鲜亮。虽然在一般的水质中也可以活下来,但是两个月左右就会让它们身体上的蓝色变成黑色,黄色部分也变成咖啡色,并失去光泽。

海洋万花筒

蓝天堂鱼如果同名贵的石珊瑚一起饲养在稳定的礁岩生态水族箱中,就可以一直保持美丽。如果想达到这样的标准,必须使用相当好的过滤系统,至少要控制硝酸盐在10mg/L以下,维持钙的含量在420mg/L,酸碱度维持在8.2～8.4,硬度不要低于8°dH,并保持稳定的换水才可以达到。

Part 4 雀鲷

青魔鱼

青魔鱼的学名为蓝绿光鳃鱼,它们的体色为黄绿色,幼鱼体色通常为淡蓝色。成鱼体长大约可以达到8厘米,它们属于热带海水鱼类,主要分布于非洲东海岸,以及北至日本海南部、南至澳大利亚大堡礁的珊瑚礁区。

性情温和

青魔鱼的性情比较温和,很少会与其他鱼类打架,如果在礁岩生态水族箱中饲养,青魔鱼在灯光下会闪着青绿色的光芒,观赏性十足。它们喜欢上百条成群活动寻食,一旦受到惊吓,就会迅速躲进珊瑚丛中。因此,可以选择比较大一点的水族箱饲养,它们是群居鱼类,可以同时饲养多条。青魔鱼属于杂食性品种,各种动物性饵料、植物性饵料及冷冻的食物都可以喂饱它们。使用富含营养的食物喂食,它们的体色将会更加艳丽。

排斥新成员

当一群青魔鱼适应了新的生活环境后，它们便会产生强烈的排斥性，一个新成员很难加入它们，从而导致新成员无法生存。但是，青魔鱼的性情温和，从不攻击其他鱼类，如果把青魔鱼和其他雀鲷放在一处混养，青魔鱼往往是受欺负的那一种鱼类。

海洋万花筒

最好不要单独饲养一条青魔鱼，因为这样会让它感到很不安。也不要同时饲养两条，它们之间往往会发生争斗。最适合的数量是10条以上一起饲养，如果水族箱太小，还是放弃吧。因为不能畅游的青魔鱼，体色会逐渐暗淡，无法展现它们美丽的姿态。

开动脑筋

1. 青魔鱼会排斥新成员加入群体生活吗？
2. 青魔鱼如果食物营养充分，身体健康，它们的体色会改变吗？
3. 青魔鱼适合单独饲养还是成群饲养呢？

Part 4 海洋探秘系列 观赏鱼探秘 雀鲷

品相差异很大的雀鲷

雀鲷科是硬骨鱼纲、鲈形目的一科海产小型鱼类的统称,大约有250种,主要生活在大西洋、印度洋和太平洋等热带水域。它们通常以附着在珊瑚礁上的小型甲壳类和浮游动物为食。

外表美丽的金燕子

金燕子的学名叫作黄新雀鲷,别名皇帝雀,幼鱼的尾鳍与燕子的尾巴十分相似,因此得名金燕子。金燕子在幼鱼时期外表美丽,行动活泼,头至尾部有两条黑色横纹,而且修长的尾鳍让它们看上去很有气质,十分惹人喜爱。金燕子分布于印度—西太平洋区,喜欢在珊瑚礁附近觅食一些细小猎物。

"成年"后的黑褐色怪物

金燕子幼鱼的外表十分漂亮,惹人喜爱,但是随着时间的流逝,逐渐长大的金燕子身上的美丽色彩会随之消失。长大成年的金燕子通体黑褐色,变成了一只又凶又丑的黑褐色怪物,让人难以相信这就是当初美丽的金燕子。一些饲养金燕子的人,还会选择把这只丑怪物捞出去丢掉,其命运十分悲惨。

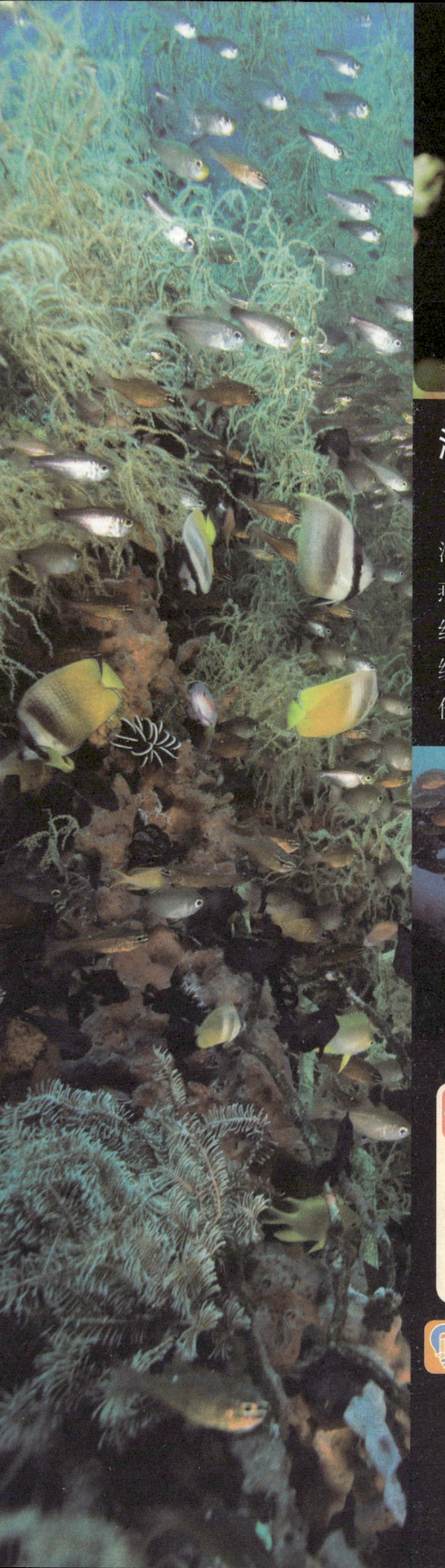

漂亮的火燕子

火燕子的学名为无斑金翅雀鲷，原产于太平洋以西的弗洛雷斯、苏拉威西岛附近海域。火燕子幼鱼非常漂亮，它们有椭圆形的身体，火红的体色，亮蓝色的线条，身体后部还有蓝丝绒般的色块，这般出众的颜值，也让它们的身价格外高，在国内水族市场中比较少见。

海洋万花筒

火燕子性情凶猛，对水质要求高，对食物的要求却不高。它们是杂食性动物，只要有藻类、人工饵料或者动物饵料吃就可以。在饲养火燕子时，需要准备一个至少能装150升水的水族箱，并调整好水的盐度和酸碱度。

开动脑筋

1. 金燕子为什么名字里会有"燕子"两个字呢？
2. 金燕子长得漂亮还是丑？
3. 火燕子的体色是什么样的？

海洋探秘系列 观赏鱼探秘

Part 4 雀　　　　　鲷

五彩雀

　　五彩雀的学名为黑新箭齿雀鲷，又名蓝脚雀。五彩雀幼鱼体色雪白，后背为金黄色。成熟后的雄性变成灰蓝色，而雌性则是黄色或褐色。成年雄鱼的体长可以达到15厘米，雌鱼的体长一般不会超过8厘米。它们在水族箱中的成长速度不是很快，需要两年的时间才开始变色。

海洋万花筒

　　五彩雀成年后比较凶猛，如果将两条五彩雀饲养在同一个水族箱里，即使水族箱很大，它们之间的冲突也非常明显。五彩雀还会攻击所有比自己小的雀鲷，如果把雀鲷幼鱼跟成年五彩雀混养在一起，那将是一个灾难。

开动脑筋

1. 本节讲述的这几种鱼类都有什么共同点？
2. 连一连：下面几组名字，将对应的鱼连起来。

皇帝雀　　　克氏新箭齿雀鲷
火燕子　　　闪光新箭齿雀鲷
蓝丝绒　　　黑褐新箭齿雀鲷

参考答案

1. 都属于雀鲷科鱼类。它们的颜色与身体都会随着生长发生变化，且随着年龄的增长。
2. 火燕子与闪光新箭齿雀鲷，蓝丝绒与黑褐新箭齿雀鲷，皇帝雀与克氏新箭齿雀鲷。

76

蓝丝绒

蓝丝绒的学名为闪光新箭齿雀鲷，别名蓝线雀、丝绒雀、花面雀、金丝绒，主要分布于我国南海、台湾地区，以及菲律宾的珊瑚礁水域。蓝丝绒长大后，身体上的一些条纹会消失，体色也会变成褐色或黑色。体侧中央背鳍前端到腹鳍有一条鲜黄白色的垂直环带，在本属观赏鱼中，只有蓝丝绒成鱼和幼鱼的基本形态一样。

海洋万花筒

蓝丝绒可与珊瑚、海葵等无脊椎动物混养，但它们不敢游进海葵的触手中。它们对其他鱼类有攻击性，如果照顾不好容易生病。它们的食性杂，动物性饵料及海藻类、海水鱼颗粒饲料、切碎烫熟的菜叶、鱼虫、丰年虾、人工饵料等均可投喂。

Part 4 雀鲷

漂亮的色彩

蓝丝绒的身体呈椭圆形，眼睛上、下部各有一道天蓝色花纹，身体后背部有几道蓝色花纹，蓝、黄、黑三色绕身，非常漂亮。它们的体色大部分为如丝绒布一样的蓝色，因此得名蓝丝绒。它们的背鳍与尾鳍的边缘有一抹优雅的粉蓝色，给人一种名贵布料的感觉，十分吸引人。蓝丝绒体表的小毛刺在灯光的照射下会闪耀出幽幽的金黄色光芒。

海洋万花筒

雀鲷科鱼类属于海水观赏鱼中比较容易养的一类，有些是"入门鱼"，是初涉海水观赏鱼养殖者的首选。雀鲷科鱼类对鱼缸的大小要求不严格，不过，鱼缸不论大小都要有功率足够的过滤系统，鱼缸底部可以铺些珊瑚石，如果是小丑鱼一类，缸内需养些海葵，具体养哪种海葵最好因鱼种类而异。

青睐高纤维食物

蓝丝绒属于杂食性鱼类，它们非常喜爱高纤维的食物，如西葫芦、黄瓜、菠菜、胡萝卜等。异型鱼专用的螺旋藻片也是不错的选择。偶尔喂一些冰冻的红虫或丰年虾，补充一些蛋白质即可。

"难养三宝"之一

有人把蓝丝绒称为"难养三宝"之一，这说明蓝丝绒对生存环境要求极高，对环境的变化极其敏感，水质一旦出现问题，就可能会导致它们暴毙。因此，要有一定的饲养蓝丝绒异型鱼的经验，才能让它们健康地活下来。

没有安全感的蓝丝绒

蓝丝绒是一种性格温和，甚至有些羞涩的鱼，它们缺乏安全感，白天会藏在沉木、石块等的缝隙中。它们拥有扁平化的身体，刚好可以钻进那些缝隙中隐藏起来。夜间它们会悄悄溜出来，寻找喜爱的食物填饱肚子。

海洋万花筒

蓝丝绒喜欢高溶氧量的环境，气泵是必需的设备。还要配备强大的过滤系统，并定时换水以确保清澈的水质。如果是在裸缸饲养，那就要铺设底沙，应选用打磨圆滑的柔软沙石，不然，万一有尖锐的地方，可能会伤到它们。缸内可布置沉木和石块，以增加躲避的空间，让蓝丝绒放松下来，增加它们的安全感。

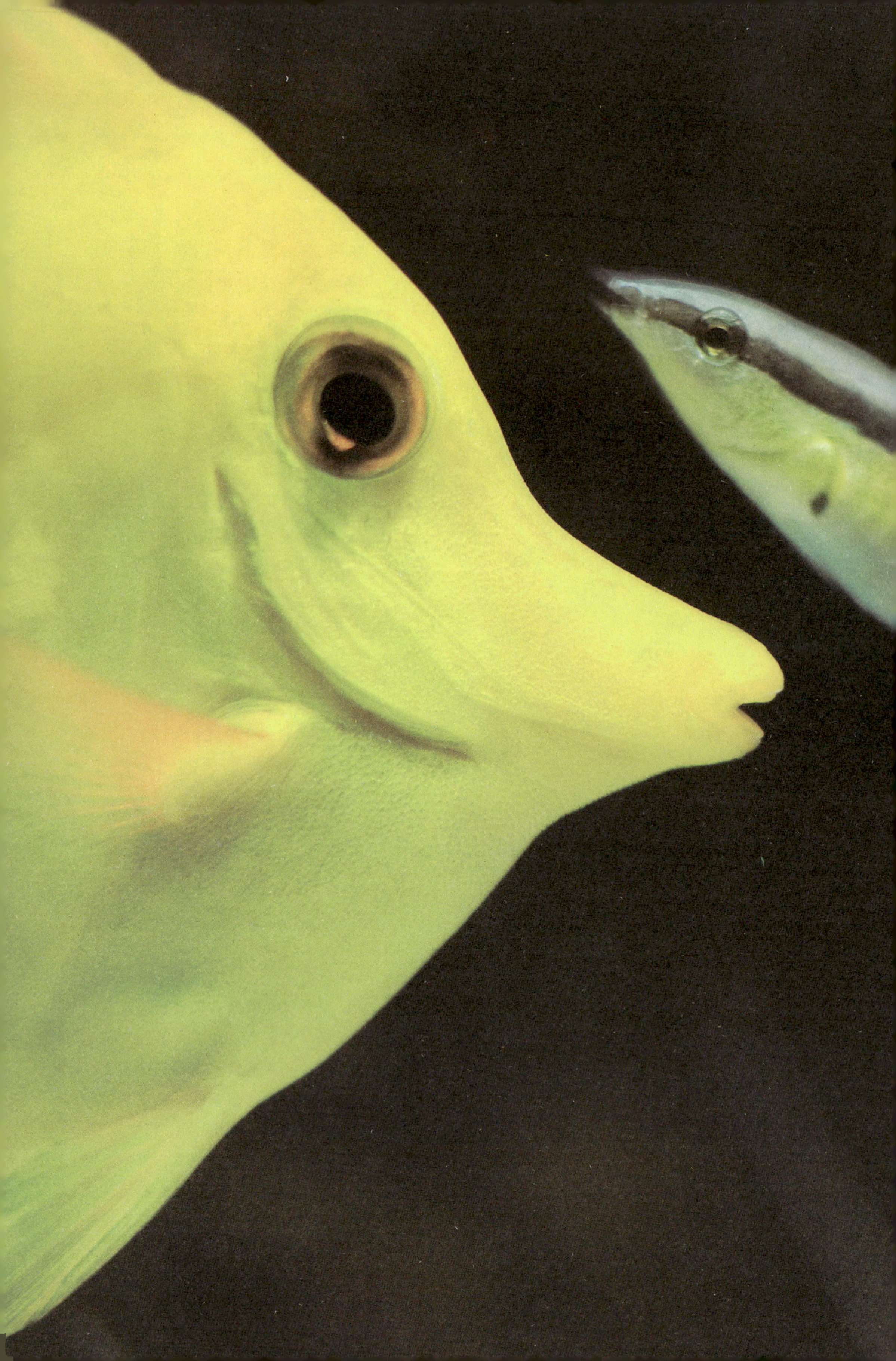

Part 5
倒吊鱼

倒吊鱼通常是指鲈形目、刺尾鱼科中具有观赏价值的鱼类。它们的身体呈椭圆形，有隆起的前额，鱼尾巴两侧各有一个或多个锋利的骨质硬刺，这是它们特有的武器。倒吊鱼是一种非常适合珊瑚缸及裸缸饲养的海水鱼。它们既不袭扰珊瑚，也不攻击虾或小鱼，而且它们的尺寸足够大，在和小丑鱼或其他雀鲷混养时，可以使海水缸显大。

Part 5 倒吊鱼

海洋探秘系列 观赏鱼探秘

粉蓝吊和七彩吊

粉蓝吊和七彩吊都是刺尾鱼科中比较有观赏性的鱼。粉蓝吊喜欢栖息在沿岸及岛屿的浅水珊瑚礁盘处；七彩吊喜欢在清澈的潟湖和面海的珊瑚礁区生活，成鱼通常在15米以下的水域活动。七彩吊的刺棘是黄色的，比较尖锐，这是它们用以防身的利器，也是用来欺负弱小的武器。

海洋万花筒

倒吊鱼名称的由来：据说是渔夫出海捕鱼的时候，渔网捕捞了大量渔获，渔网一拉，大批的海水鱼顺着渔网滑了下来，可是偏偏刺尾鱼因为有倒刺而悬挂在渔网上，久而久之，它们就拥有"倒吊鱼"这样别致的名字了。

粉蓝吊

粉蓝吊即白胸刺尾鱼，又称粉吊、粉蓝倒吊，身体呈椭圆形侧扁，体色为粉蓝色或浅蓝色，背鳍为鲜黄色或浅蓝色。粉蓝吊的头部呈三角形，眼睛靠近头顶，尾柄两侧各有一个浅白色的刺尾钩。粉蓝吊生活在印度洋的珊瑚礁海域，通常可以长到18~20厘米长。粉蓝吊通常会单独或成对行动，觅食时会聚集成大型鱼群，喜欢吃海底稀疏分散的藻类。

栖息环境

粉蓝吊喜欢栖息在沿岸及岛屿的浅水珊瑚礁盘处，它们对食物比较挑剔，经常成群结队地在珊瑚礁盘附近觅食。粉蓝吊拥有锋利的刺棘作为武器，用来对抗敌人或者攻击对手。当粉蓝吊感觉到威胁时，它们会左右甩动尾巴，也会躲入礁盘的洞穴或裂缝中隐藏起来。

海洋万花筒

粉蓝吊在西印度洋较为稀有，有专家经过调查显示，在塞舌尔每平方千米海域不到5条；在科科斯群岛，每平方千米海域还不到1条；大陆近岸或裾礁的种群数量也不丰富。1992年对马尔代夫周边海域的调查发现，粉蓝吊的种群丰度相当高，平均每平方米有35条；礁坪地区，特别在环礁边缘的斜坡地带，粉蓝吊种群密度最集中，但是随着海水深度增加，粉蓝吊种群的密度也会随之递减。

海洋探秘系列 观赏鱼探秘

Part 5 倒吊鱼

喜欢打架的"带刀武士"

如果用小于400升的水族箱养粉蓝吊，只能饲养一条，甚至不能混养五彩吊、鸡心吊这样的近缘种。因为它们太喜欢打架了，它们拥有手术刀一样的"武器"，会把其他鱼类杀死。即使是饲养在1000升以上的大水族箱中，也最好把要饲养的数条粉蓝吊同时放进去，这样可以避免因为进入先后顺序而引起的强弱之分。

一刻也不肯安静

粉蓝吊性情暴躁，而且精力旺盛，刚把它们放入水族箱中，它们就开始到处乱窜，东游西逛，一刻也不肯安静。在以后的日子里，也几乎看不到它们在水族箱中有安静的时刻，即便睡觉的时候也一样。假如它们哪天停歇了，那或许是染病后快要死了。

海洋万花筒

为了维持粉蓝吊的粉蓝体色不会退化成灰色或惨白色，最好把碳酸盐硬度（KH）稳定在7以上，pH稳定在8.4。食物是否丰富也直接影响到粉蓝吊的体色，只有荤素搭配合理，它们美丽的体色才会长存。

"挑食"的毛病

粉蓝吊对食物的选择较为挑剔，除了喂食动物性饵料外，还需注意提供足够的海草及干海藻等植物性饵料，这能增强它们的免疫力、减少攻击行为和全面提高健康水平。可以用石头绑上干海草来喂养，每天建议喂食3次，或者准备一些人工植物性饵料，会更方便些。

海洋万花筒

水族箱内搭建活石是必需的步骤，因为粉蓝吊喜欢在白天一点点不断蚕食海藻。同所有刺尾鱼科鱼类一样，粉蓝吊需要高氧水环境，可使用多头动力供氧实现这一目标；观察水箱温度，如果温度过高则移走一个动力头。它们也喜欢水族箱内的高速水流，使用大号水族箱为其快速游动提供足够的泳道长度是不错的选择。

Part 5 倒吊鱼

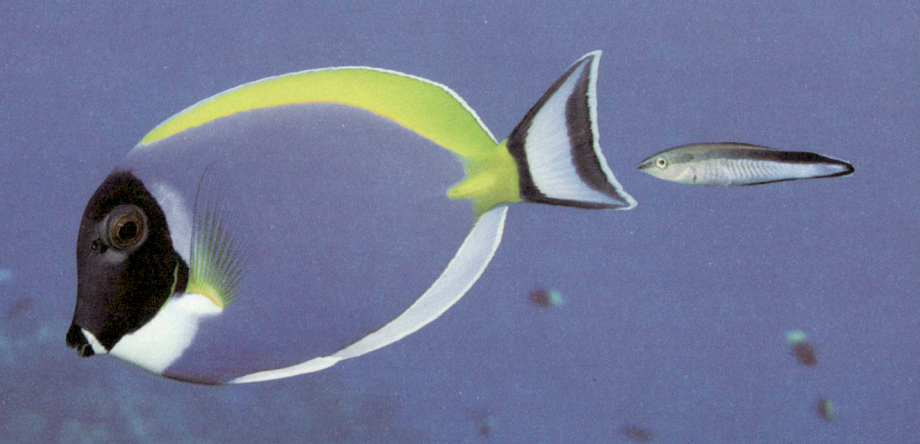

海洋探秘系列 观赏鱼探秘

高颜值的"杂志明星"

　　粉蓝吊是刺尾鱼中比较有代表性的品种，它们的体色为蓝色并略微发粉，背鳍是明黄色的，白色的面颊上面还戴了一顶黑色的大"头盔"。这样可爱的体色和奇特的造型，吸引了很多专业书籍或时尚杂志用它们的照片做封面，它们的身价在倒吊鱼中也很高。

馋嘴的粉蓝吊

　　粉蓝吊需要合理搭配食物才能健康成长，如果只喂食人工饲料和丰年虾，那么，一段时间后，它们的肠胃就会出现问题，身体变得越来越瘦，这是因为它们的肠胃适合消化粗纤维，因此产生了不良反应。偏偏有些粉蓝吊又比较馋嘴，吃过虾肉后，就不肯吃蔬菜了，这种馋嘴的坏毛病要改掉。

奇闻逸事

　　粉蓝吊的胆子很大，稍微训练一段时间就可以在人手上取食物吃，它们的游动速度也很快，是水族箱中的飞速"强盗"。

七彩吊

七彩吊的身体呈椭圆形而侧扁，体色大部分为巧克力色，有白色的面部，背鳍及臀鳍的底部是亮黄色的，各鳍都带有白边。七彩吊的刺棘是黄色的，比较尖锐，这是它们用以防身的利器，也是用来欺负弱小的武器。七彩吊喜欢在清澈的潟湖和面海的珊瑚礁区生活，成鱼通常在15米以下的水域活动，而幼鱼则在水深3米处觅食。

海洋万花筒

七彩吊主要分布在印度洋和太平洋的珊瑚礁海域，包括苏拉威西岛至菲律宾和琉球群岛一带海域。七彩吊虽然有刺棘这种武器，但是胆子比较小，遇到危险会躲进洞穴或缝隙里，喜欢吃海藻和一些细微的生物。

开动脑筋

1. 粉蓝吊又叫什么？
2. 粉蓝吊尾部的刺棘是什么颜色？
3. 七彩吊喜欢吃什么？

海洋探秘系列 观赏鱼探秘

Part 5 倒吊鱼

黄金吊

黄金吊的学名为黄高鳍刺尾鱼，也称作黄三角、三角倒吊、黄三角吊。黄金吊的身体呈卵圆形而侧扁，体色为鲜黄色。成鱼除了黑眼睛和尾柄上的白色芽状棘外，背鳍高耸，臀鳍发达，两鳍张开时全鱼呈三角形。幼鱼身体上有许多淡棕色横线，背鳍及臀鳍鳍条均比成鱼长一些。

小群体觅食活动

黄金吊仅在亚热带珊瑚礁海域活动，主要栖息于珊瑚繁生的潟湖及面海的珊瑚礁区，成鱼独居或结成松散小群活动，其他鱼类有时也会加入小群中，如横带高鳍刺尾鱼。它们白天在海藻间穿梭，夜间通常独自栖息在珊瑚礁的间隙中。它们以大型藻类为食，如海藻、丝状藻，也会吃一些浮游动物。

"最多"的黄金吊

黄金吊的大名在观赏鱼界如雷贯耳，它是被饲养数量最多的倒吊鱼，也是最容易饲养的倒吊鱼。它是近乎全球所有海水观赏鱼爱好者都喜欢的品种，还是最早被豢养的海水观赏鱼之一。在全球的海水观赏鱼贸易中，除了公子小丑鱼外，单一品种数量最大的就要数它了。"黄金"两个字也提升了它在海水观赏鱼中的高贵地位。

繁育后代

黄金吊通常以小群体的形式在一起生活，3—9月为它们繁育后代的高峰期，也有一些黄金吊可以全年繁育后代。黄金吊以成群结队的方式产卵，雌鱼每月可产卵一次。一条雌鱼平均能产4万颗鱼卵。

🌊 海洋万花筒

黄金吊原产于太平洋的中西部海域，西起红海、非洲东部，东至夏威夷及土阿莫土群岛，北至日本，南至澳大利亚大堡礁及新喀里多尼亚，都有黄金吊活动的踪影。

Part 5 倒吊鱼

海洋探秘系列 观赏鱼探秘

被误食的珊瑚

黄金吊喜欢吃各种藻类，更喜欢吃含有植物纤维的薄片饲料，如白菜和紫菜都是它们很重要的营养补充品。它们还喜欢吃在水族箱中饲养的各种藻类，火焰藻是最受欢迎的。还有一种食物也能勾起黄金吊的食欲，那就是腐烂的珊瑚虫尸体，黄金吊虽然并不攻击任何珊瑚，但是它们啃咬珊瑚虫的尸体后，直接给珊瑚造成了更大面积的创伤，甚至毁灭了整株珊瑚。

海洋万花筒

藻类是一类比较原始、古老的低等生物。藻类的构造简单，没有根、茎、叶的分化，多为单细胞、群体或多细胞的叶状体。如小球藻是单细胞，团藻属于群体，海带为叶状体。藻类含叶绿素等光合色素，能进行光合作用，属自养型生物。藻类植物约有3万种，主要分布于淡水或海水中，分为淡水藻类和海洋藻类。

生活环境

　　黄金吊适合饲养在珊瑚礁岩石生态缸中，富含钙质的水会让它们的体色看上去更亮丽。尽量避免同一水族箱中养两条黄金吊，如果打算多养，应在同一时间将它们引入水族箱中，因为先进入水族箱生活的黄金吊具有领域性，会攻击后进入水族箱的同类，它们会用手术刀般锋利的尾柄刺棘杀掉后来者。

产地之谜

　　市场上所见的黄金吊绝大多数采集于夏威夷。虽然我国几个版本的鱼类志或图鉴都记载有采集于南沙群岛地区的标本，但不论是在海南渔民的渔排上，还是海水观赏鱼收购商那里，都没有捕获过这种鱼的记录。不但国内，即便是菲律宾、印度尼西亚、斐济和马来西亚也没有捕获记录。

海洋万花筒

　　黄金吊不能忍受甲醛的刺激，因此，在治疗寄生虫类疾病时不要使用甲醛或其稀释产品福尔马林。甲醛是一种无色气体，易溶于水和乙醚，甲醛的急性中毒表现为对皮肤、黏膜的刺激作用。

Part 5 倒吊鱼

海洋探秘系列 观赏鱼探秘

同样以"金"来命名的鱼

"金,五色金也。黄为之长。"众所周知,"金"有贵重、珍贵的含义。在观赏鱼的世界里,同样也有一批名字带"金"的鱼,这赋予了它们珍贵的象征,也契合了它们特有的体色,同时,与它们一身金灿灿、闪亮亮的色彩相匹配的是不菲的价格。

金龙鱼

金龙鱼是一种古老的原始淡水鱼,又称为美丽硬仆骨舌鱼、亚洲龙鱼。从品质上说,金龙鱼只分为过背金龙鱼与红尾金龙鱼(宝石金龙鱼)。但随着对金龙鱼的市场需求不断扩大,根据不同的底色,金龙鱼又分为紫底金龙鱼、金底金龙鱼、蓝底金龙鱼、蓝底过背金龙鱼、七彩金龙鱼、巧克力底金龙鱼,它们都具有很高的观赏性。

金龙鱼的魅力和美丽之处在于其鳞片的亮度,其中,带蓝色光泽的过背金龙鱼最昂贵。

黄金鲤

黄金鲤是一种体色为明亮金黄色的锦鲤,头部和胸鳍光亮清爽,常用于与各品种锦鲤交配而产生豪华的皮光鲤。其中的代表品种是纯黄金色的山吹黄金锦鲤。

黄金雷龙鱼

黄金雷龙鱼的身材修长，头大而宽，身体为金黄色。它们适宜在 22～28℃的弱酸性软性水质中单养，喜欢活饵料和虾肉，喜欢跳缸，与主人互动性好。其中，黄金眼镜蛇雷龙（橙斑鳢）的身体上带有霸气的金黄色，非常威武。

开动脑筋

1. 为什么黄金吊名气很大？
2. 黄金吊的特点是什么？
3. 黄金吊的产区主要在哪里？

黄金大胡子

黄金大胡子属于异型鱼，原产于南美洲，全身金黄、性格温和、外形美观。雄性有胡子，雌性没有胡子；喜夜行和弱光性。

黄金蓝眼大帆

黄金大胡子按眼睛分红眼、蓝眼，红眼胡子是黄色带花纹斑的，蓝眼胡子是通体金黄色的。按体色分为迷彩和黑色。按鱼鳍又分大帆和短帆。其中黄金蓝眼大帆是一种浑身金黄、有着飘逸鱼鳍的异型鱼。

海洋探秘系列 观赏鱼探秘
Part 5 倒吊鱼

大帆倒吊和天狗倒吊

　　大帆倒吊学名为高鳍刺尾鱼，又称太平洋帆吊、粗皮鱼，它们的身体呈卵圆形。天狗倒吊喜欢生活在泛珊瑚礁区的热带海域，它们的体色比较艳丽，对其他倒吊鱼有攻击行为。

有毒的大帆倒吊

　　大帆倒吊的鳍棘有毒，毒器由背鳍棘、臀鳍棘、腹鳍棘、外包皮膜和毒腺组织构成。一旦被大帆倒吊的鳍棘刺伤，就会产生剧痛。大帆倒吊鳍棘的毒来自因食物链关系而在体内积累的珊瑚礁鱼毒素，对人类而言，毒性轻微，食用后会引起口中瘙痒和灼烧感等中毒症状。

典型的素食主义者

大帆倒吊属于刺尾鱼科，该类鱼对水质的适应能力极强，一般不易因水质问题而生病。刺尾鱼是鱼类中最典型的素食主义者，它们在自然界中专吃珊瑚礁中的藻类。人工饲养时，因为没有过多的藻类，可以将菠菜、莴苣叶、青菜、生菜、白菜等蔬菜绑在一起，由它们自己去啃食。

生活环境

大帆倒吊分布于印度洋的马达加斯加至太平洋中部的夏威夷群岛、法属波利尼西亚，南至澳大利亚的昆士兰，北至日本南部等海域。大帆倒吊属于暖水性底层鱼类，栖息于珊瑚礁茂盛的海域，以藻类及底栖动物为食。大帆倒吊喜欢在水温27～28℃下生活，还喜欢水流，在水族箱中饲养时，溶解氧要充分，强劲的水泵是不可或缺的设备。

海洋万花筒

饲养大帆倒吊时，将要喂的蔬菜先用盐水浸泡一会儿，以免农药之类的东西使它们中毒。刺尾鱼吃蔬菜后会排出大量的植物纤维，因此，过滤器的吸水口要加防护网，而且要经常清理，以免堵塞过滤器和水泵。

Part 5 倒吊鱼

海洋探秘系列 观赏鱼探秘

天狗倒吊

　　天狗倒吊的学名为黑背鼻鱼，又称为颊纹双板盾尾鱼、颊吻鼻鱼。它们面部的花纹很像日本歌舞剧中的天狗形象，还有人干脆把这种鱼叫作日本吊。天狗倒吊根据产地不同，大体分成两种：太平洋天狗吊和印度洋天狗吊。太平洋天狗吊非常普遍，每年在我国南海和东南亚海域可以捕捞大量并用于贸易。印度洋天狗吊相对稀少，价格也高出太平洋天狗吊若干倍，它们产于印度洋和红海地区。实际上，印度洋天狗吊大多分布在红海区域，西印度洋地区捕捞到的并不多。

天狗倒吊的甄别方法

　　印度洋天狗吊与太平洋天狗吊的区别在于印度洋天狗吊的背鳍基部是金黄色的，而太平洋天狗吊的背鳍基部是白色的。因此，印度洋天狗吊在我国香港地区的名字是"金发吊"。其实，就太平洋天狗吊来看，根据分布地区的不同，其外观也有些许差异，产在夏威夷地区的个体的尾柄和唇为红色，而不是橘红色的，在同品种中最美丽。

喜欢东游西逛

天狗倒吊是一种大型观赏鱼，它们生性活泼，每天的生活就是在珊瑚礁区东游西逛，一刻也不肯停歇。它们喜欢在岩礁区或碎石底的潟湖区活动，经常出现在礁区上方或中水层，主要觅食叶状褐藻，也会吃一些有机物。在水族箱中生活的天狗倒吊可以接受鱼肉碎屑和白菜叶，当然，任何海水鱼专用饲料对它们也都是适口的。

生育环境

雌性天狗倒吊拥有成熟的卵巢，但是不适合在水族箱中繁殖。虽然会正常发育，但是水族箱环境不能让雌鱼顺利地产卵，较多的雌鱼最终会死于卵巢坏死。如果从亚成体开始饲养，受到环境影响，一般雌鱼的性腺不会发育起来，后面也不会因腹胀而死。

海洋万花筒

饲养天狗倒吊时，最合理的引进尺寸是15～20厘米，太小的个体身上的颜色还没有显现，看上去十分灰暗，而且在人工环境下发色也很困难。成年个体也不要引进，特别是雌性。

Part 5 倒　　吊　　鱼

海洋探秘系列　观赏鱼探秘

太平洋天狗吊

太平洋天狗吊成鱼的身体呈卵圆形而侧扁，并且不会随着成长而改变。太平洋天狗吊的体色为灰褐色，由眼下缘至口角有一黄色带，鼻孔边缘是白色的，上下唇为橙黄色。尾鳍为弯月形并呈蓝灰色，雄鱼成鱼的上下鳍条延长为丝状，雌鱼则不延长；尾柄棘为橙黄色。它们主要以叶状褐藻为食。

生活环境

太平洋天狗吊分布在包括日本本州岛至大堡礁和新喀里多尼亚，以及往东至夏威夷群岛、法属波利尼西亚和皮特凯恩群岛一带的太平洋珊瑚礁海域。它们喜欢在面海珊瑚礁区、岩礁区或碎石底的潟湖区活动，在0～90米深的水域中都能看到它们的身影。太平洋天狗吊喜欢成群地外出觅食，是典型的素食者。

鱼类点经
1 上图：图片中的鱼在潜水员日夜看顾下成为天狗吊迷恋的情侣之旅，是生活在公海礁岩区的鱼类。

印度洋天狗吊

印度洋天狗吊又称金毛吊。成鱼身体呈卵圆形而侧扁，并且不随成长而改变；尾柄部有两个盾状骨板，各有一个龙骨突。头比较小，头背斜直，随着成长，成鱼在前头部无角状突起，也无瘤状突起。体长最大可以达到约45厘米。

开动脑筋

1. 大帆倒吊能不能食用？
2. 天狗倒吊的来历是什么？

海洋万花筒

印度洋天狗吊可以和不同的蝴蝶鱼混养。它们喜欢吃活饵，如天然海水活饵和淡水活饵，日常也可喂冷冻的海产品、冷冻丰年虫等以及藻类、蔬菜等富含纤维的植物性饵料。印度洋天狗吊经过驯饵后也可适应呈片状或颗粒状的海水鱼干饲料。对印度洋天狗吊的投饵应以少量多餐为原则。

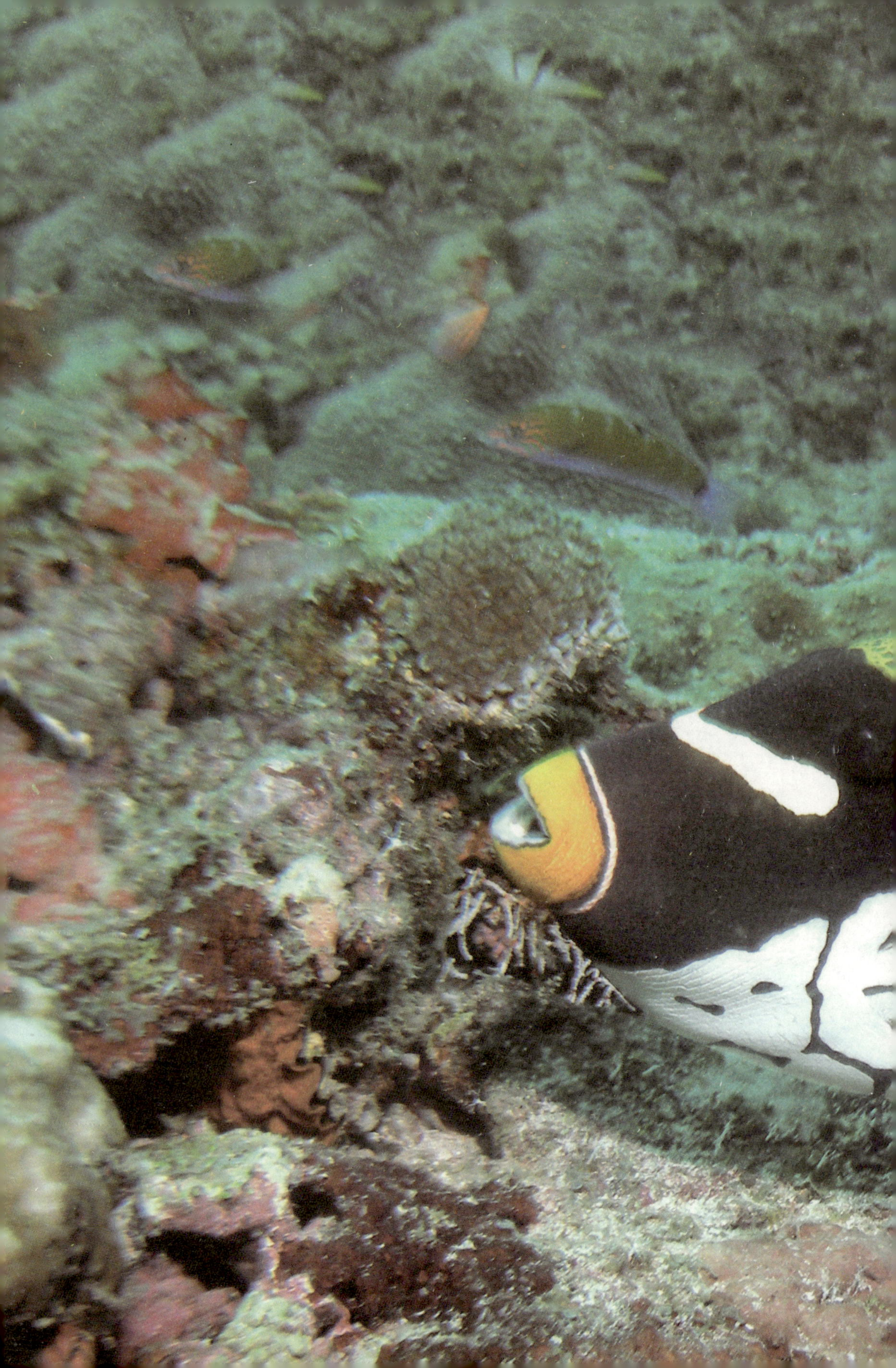

Part 6
炮弹鱼

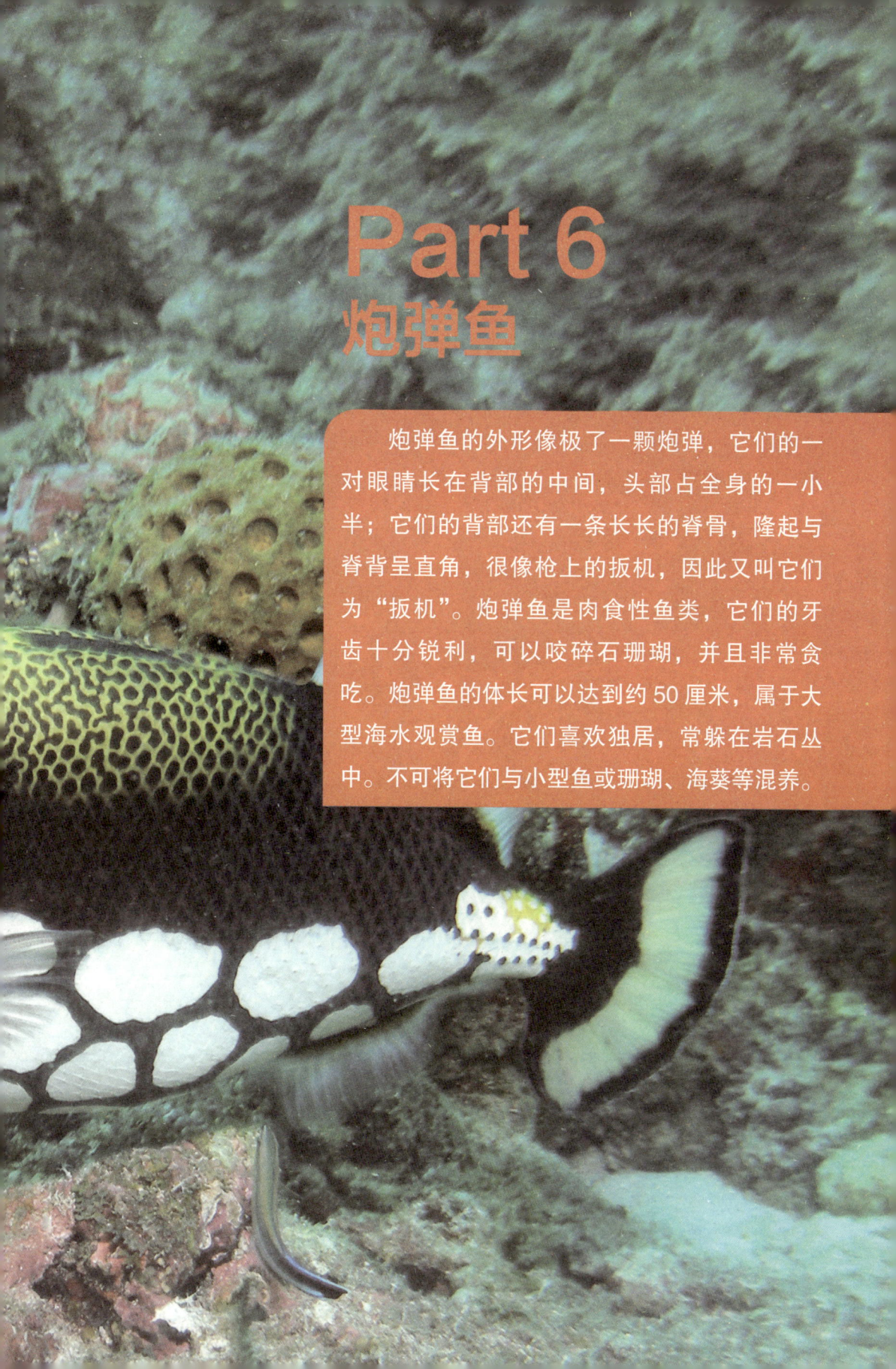

炮弹鱼的外形像极了一颗炮弹，它们的一对眼睛长在背部的中间，头部占全身的一小半；它们的背部还有一条长长的脊骨，隆起与脊背呈直角，很像枪上的扳机，因此又叫它们为"扳机"。炮弹鱼是肉食性鱼类，它们的牙齿十分锐利，可以咬碎石珊瑚，并且非常贪吃。炮弹鱼的体长可以达到约 50 厘米，属于大型海水观赏鱼。它们喜欢独居，常躲在岩石丛中。不可将它们与小型鱼或珊瑚、海葵等混养。

Part 6 炮弹鱼

海洋探秘系列 观赏鱼探秘

小丑炮弹鱼

小丑炮弹鱼体色艳丽，听到这个名字就能想象出它那像炮弹一般的身材了。小丑炮弹鱼性情凶猛，而且身体带有一定的毒性，不可食用。与它凶猛性情形成反差的是——它是一个胆小鬼，一旦受到惊吓，会飞快地逃离，有时还会因为慌乱，一头撞在石头上，把自己撞晕了。

体型特征

小丑炮弹鱼的体色十分美丽，它圆滚滚的体形和如盔甲般厚实的外皮像极了炮弹，模样十分滑稽，因此而得名。小丑炮弹鱼的体色为灰褐色，唇为黄色，齿为白色，自眼后到第二背鳍之前的身体上半部有一个黄色鞍状斑，成鱼的黄斑又散布许多褐斑，身体下半部有许多大白斑，尾柄上有一条黄色宽横带。一双小眼睛位于上侧位，体长可达50厘米。

有毒的小丑炮弹鱼

小丑炮弹鱼的身体有一定的毒性，不可以食用。它们在观赏鱼中属于大型凶猛鱼类，如果混养，不能把它们放在那些弱小的鱼类中，可以选择与一些大型凶猛鱼类混养。在缸里装饰物的选择上，也要谨慎考虑，小心小丑炮弹鱼搬动它们。这种鱼属于肉食性动物，可以提供动物性饵料，如鱿鱼、贝类、小鱼及带壳的虾，有助于它们磨牙。

开动脑筋

1. 小丑炮弹鱼可以吃吗？
2. 小丑炮弹鱼的眼睛长在什么部位？
3. 小丑炮弹鱼喜欢吃什么食物？

小丑炮弹鱼幼鱼

小丑炮弹鱼幼鱼的腹部布满了白色斑点，这些斑点显得非常抢眼，当它们像直升机那样悬停在水族箱的某个区域时，看上去格外可爱。如果贴近水族箱观察它们，它们也会转动眼珠来审视你，仿佛在说："你瞅啥！"小丑炮弹鱼幼鱼十分适应在热带海域和珊瑚礁生活，它们通常在超过 20 米深的峭壁洞穴或岩脊附近活动，喜欢吃一些小海鱼或贝壳动物。

参考答案：
1. 不可以。 2. 头的顶部。 3. 鱿鱼、贝类、小鱼及带壳的虾。

海洋探秘系列 观赏鱼探秘

Part 6 炮弹鱼

会撞晕自己

小丑炮弹鱼虽然性情凶猛,但是胆子却很小,受到惊吓时会快速游动,一不小心就会撞晕在石头上。饲养小丑炮弹鱼时,要注意不能在水族箱中安放泡沫材料的背景板,否则容易造成小丑炮弹鱼因啃食过多而肠胃阻塞,发生危险。可以多条放在一起饲养,但是从一个水族箱移到另一个水族箱时,最好使用塑料筐而不是渔网,它们的硬刺如果挂到网上将很难摘下。

生活环境

小丑炮弹鱼分布于印度洋至太平洋地区,西起红海、非洲东岸,东至萨摩亚群岛,北起日本,南迄新喀里多尼亚。成鱼喜欢栖息在珊瑚礁外缘峭壁处,幼鱼则在超过20米深的峭壁洞穴或岩脊附近活动。小丑炮弹鱼在睡觉、受到惊吓及感到危险时,会躲进有小入口的礁洞中,并将背上的硬棘撑直,把身体卡在洞穴中,这样可以增加猎食者捕食的困难,以此来保护自己。小丑炮弹鱼在海洋里生活时主要以海胆、海星以及小型甲壳类、软体动物等为食。

104

睡觉好像在"假死"

　　小丑炮弹鱼有时会在水中休息，但是它们的休息方式却有些奇特。小丑炮弹鱼在休息时，会头下尾上漂浮不动或翻身平躺在缸底，人们初次看到它们这样的姿态，还以为它们死掉了，其实它们是在"假死"。小丑炮弹鱼非常喜欢在岩礁缝中穿梭，所以在饲养时缸中放入一些石头为宜，既美观，还能为它们营造一种野生自然环境，同时也为它们提供了一个可以躲藏的地方。

海洋万花筒

　　小丑炮弹鱼无疑是最被熟知的炮弹鱼，最常见的个体的体长一般为15厘米左右。每年从菲律宾、印度尼西亚、马来西亚和我国海南捕获的小丑炮弹鱼都会出现在观赏鱼贸易中，来自印度洋地区的炮弹鱼中，小丑炮弹鱼无疑是最贵的，因为它们美丽的外表十分吸引人。

Part 6 炮弹鱼

海洋探秘系列 观赏鱼探秘

蓝面炮弹鱼

蓝面炮弹鱼的学名为金边黄鳞鲀。它们的体色为金属蓝色，主要分布在印度洋-太平洋海域，喜欢在珊瑚礁附近生活，以小型生物以及礁石上的有机物为食。蓝面炮弹鱼生活在水深5～35米的海域里，捕捞后必须进行减压处理，这是一项很烦琐的工作，很多渔民都放弃了捕捞蓝面炮弹鱼，炮弹鱼也因此很少出现在观赏鱼贸易中。

生活环境

蓝面炮弹鱼如果饲养得好，体色会很好看，当硝酸盐低于50ppm，在水质不好的情况下，蓝面炮弹鱼身体上的蓝色会逐渐褪去，而且慢慢地脸也不那么蓝了。刚刚进入水族箱里生活的蓝面炮弹鱼，要用一些鱼、虾肉等引起它们的食欲，因为它们不会马上接受人工颗粒饲料，它们最爱吃新鲜的墨鱼肉。如果在活动空间很小的环境中，它们会胆怯地蜷缩在一个角落里，不肯出来游动，所以还是要给它们准备大一点的水族箱。

玻璃炮弹鱼

玻璃炮弹鱼的体长可达 30～40 厘米，有非常漂亮的翡翠绿色的身体和亮粉色的尾巴。它们的眼睛位于头部上方，有前后两个背鳍，第一个背鳍是黑色的，第二个背鳍为银白色并镶有黑边，在尾柄处有一条银白色环带。玻璃炮弹鱼是肉食性鱼类，喜欢捕食海胆、海葵、海星、珊瑚等无脊椎动物。遇到危险时会迅速钻进岩洞躲藏。

生活环境

玻璃炮弹鱼生活在印度洋－太平洋海域。饲养时需要准备 350 升以上的水族箱，还要准备一些石头来提升玻璃炮弹鱼的生活环境，水温 26～27℃比较适合。玻璃炮弹鱼会吃掉任何碰到的甲壳动物及小鱼。可以喂食冰冻鱼、虾、蟹肉、水蚯蚓、海水鱼颗粒饲料等。

开动脑筋

1. 本节讲述了几种鱼？分别叫什么名字？
2. 为什么有些渔民不喜欢捕捞蓝面炮弹鱼？
3. 玻璃炮弹鱼遇到危险时怎么办？

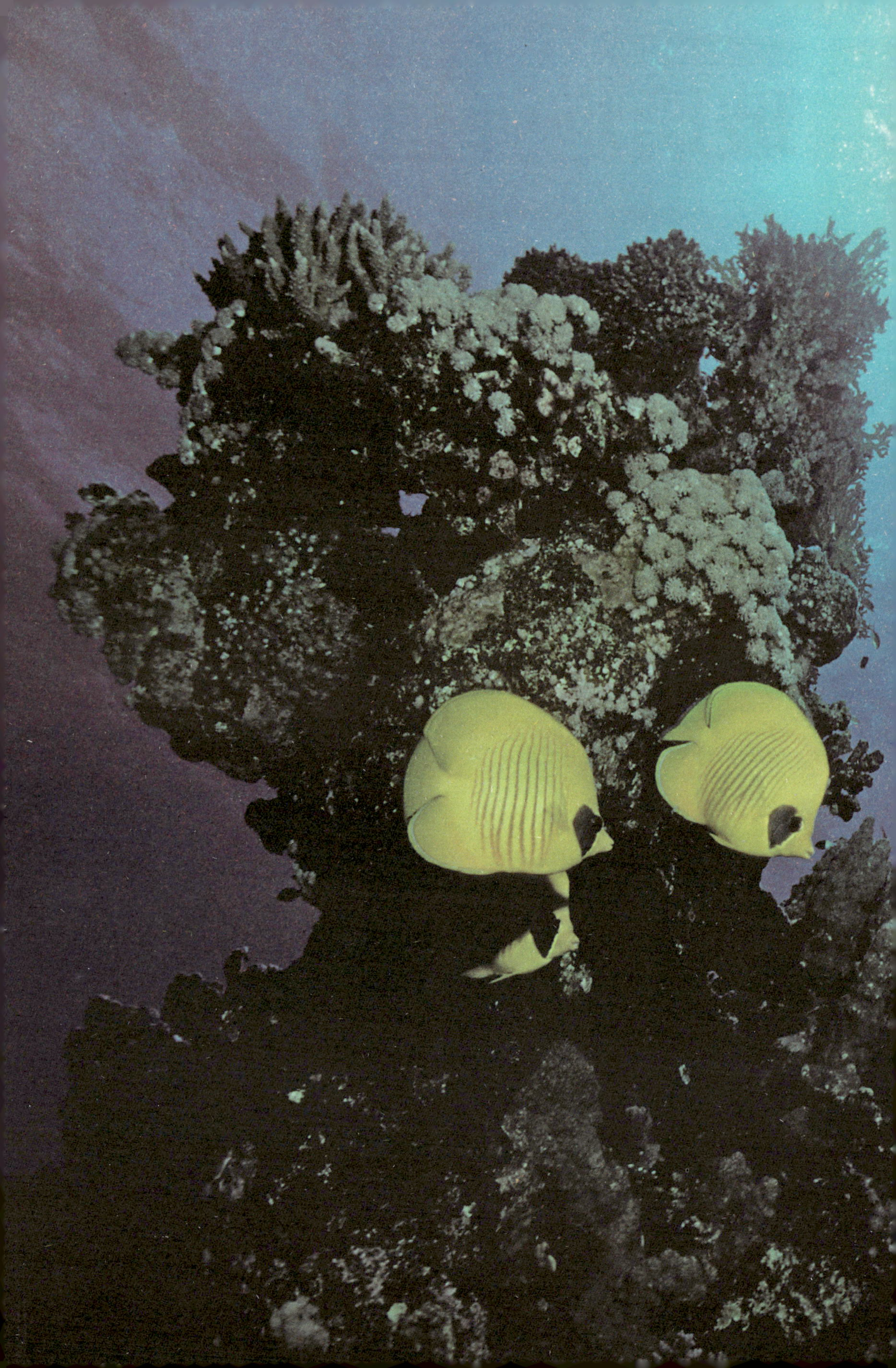

Part 7
蝴蝶鱼

蝴蝶鱼鱼如其名，十分漂亮，仿佛一只蝴蝶在海洋里翩翩起舞。它们属于小型珊瑚鱼类，其中的人字蝶身体下方有10条斜线，这种"人"字一样的纹路让它们十分出名。澳洲彩虹蝶则拥有蝴蝶鱼家族中最绚丽的体色，看上去分外美丽。

Part 7 蝴 蝶 鱼

海洋探秘系列·观赏鱼探秘

红海黄金蝶

红海黄金蝶又称为黄色蝴蝶鱼，身体呈圆形，主要分布于红海的珊瑚礁海域。红海黄金蝶全身为金黄色，眼睛和鳃盖附近有一个黑斑，身体侧面有数十条暗红色的垂直环带。它们喜欢啄食软珊瑚等无脊椎动物，饲养时可以投喂冰冻鱼肉、贝肉、蟹肉、水蚯蚓、海水鱼颗粒饲料等。红海黄金蝶的生长速度很快，体长可达23厘米。

生活习性

红海黄金蝶比人字蝶等太平洋地区的蝴蝶鱼要好养一些，当然也可能和精心的捕捞和运输有关。要给它们提供足够的活动空间，必须保证饲水拥有较高的盐度，比重不要小于1.025，而且要将温度维持在26℃以上。它们也吃一些紫菜，在投喂时要坚持每周最少给一次紫菜，这对维持它们蓝色的面部很重要。含有铜和甲醛的药物对红海黄金蝶是不利的，不要轻易给它们使用这类药物。淡水浴也是不可取的，它们会在淡水中痉挛。

澳洲彩虹蝶

　　澳洲彩虹蝶又称为林氏蝴蝶鱼、澳洲金间蝶，它们的身体不同于其他蝴蝶鱼的椭圆形，而是近乎正圆形，橘红和淡蓝色线条在它们浅黄的身体上勾勒出一缕缕绚烂的霞光，看上去十分美丽，叫它们彩虹蝶一点儿也不过分。澳洲彩虹蝶喜欢在珊瑚礁丰茂的地区生活，觅食有机物碎屑及海葵、珊瑚虫以及海藻等。

生活习性

　　澳洲彩虹蝶产于澳大利亚东部海域，在我国香港地区被称作澳洲金间蝶，这种美丽的生物得来不易，每年捕捞贸易量很少。它们和红海黄金蝶一样，需要保持较高的盐度才能维持身上的绚丽颜色。一些人尝试将澳洲彩虹蝶饲养在礁岩生态水族箱中，它们似乎可以和一些软珊瑚和睦相处，但对很多石珊瑚来说，它们却是危险的猎食者。

Part 7 蝴蝶鱼

海洋探秘系列 观赏鱼探秘

绣蝴蝶鱼

绣蝴蝶鱼也称为日本黑牒，主要生活在日本海，出口量比较少，所以显得比较名贵。它们一般活跃在珊瑚礁海域，喜欢吃珊瑚虫、海葵和有机物碎屑。

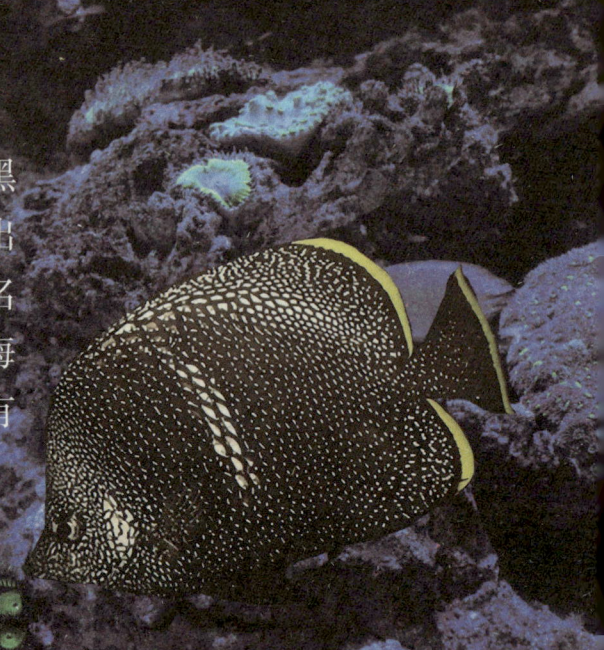

长相特征

绣蝴蝶鱼有像岩石一样的灰黑色皮肤，皮肤上附有白色鳞片，看上去就像穿了一件比较浮夸的、带着白色亮片的黑衣服。它们的身体呈卵圆形，嘴比较短。其体色为黑色，周围有一圈白色的边缘。在绣蝴蝶鱼的背鳍、臀鳍和尾鳍处有黄色的边。绣蝴蝶鱼的体长可以达到15厘米，个头不算太小。

海洋万花筒

绣蝴蝶鱼虽然看起来体色相对暗淡，但它们算是比较好养活的鱼类。它们对水温和饲料并不挑剔，饲养者只要把水温维持在22~26℃，绣蝴蝶鱼就可以安然无恙。和其他的蝴蝶鱼相比，绣蝴蝶鱼不算挑食。有人曾经用开水泡生菜叶给它们吃，绣蝴蝶鱼依然吃得很香。

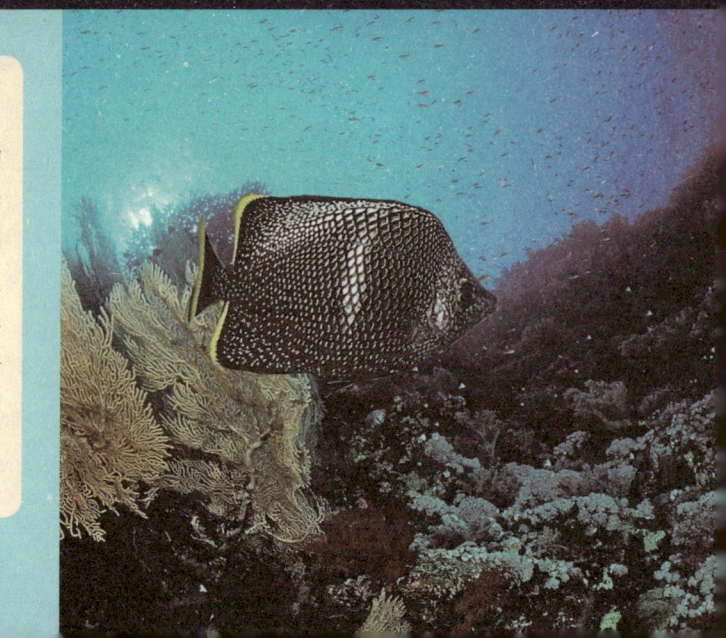

月光蝶

月光蝶也叫黑腰蝶、鞍斑蝴蝶鱼，学名是鞭蝴蝶鱼。它们的身体呈卵圆形，体长能达到15～20厘米。月光蝶是一种热带鱼，一般生活在地处热带的印度洋和太平洋海域。

身体形态

月光蝶有一个三角形的脑袋，它们的嘴比较长，而且向前突出，这和其他的蝴蝶鱼不太一样。它们眼眶的上、下两边有一道比较窄的淡黑色条纹。月光蝶的下颚为金黄色，臀鳍微微有些凹陷，呈白色并带着黄色的边。在月光蝶身体的侧面有6～7道浅蓝色的条纹。它们的身体背后的上方有一个蓝黑色的大斑块，这个斑块拥有像卵一样的形状，占全身面积的1/4，非常引人注目。

海洋探秘系列 观赏鱼探秘

Part 7 蝴 蝶 鱼

生活习性

月光蝶一般生活在水下 1～36 米深的海域，并且这些海域需要长满珊瑚，因为它们喜欢在珊瑚丛里生活。月光蝶喜欢吃珊瑚虫、海绵、海藻和其他鱼的鱼卵。雌鱼繁殖的时候，雄鱼会守护在雌鱼身旁。月光蝶喜欢在黄昏时交配。交配时，雄鱼会用嘴或者头去摩擦雌鱼的腹部，这样能够刺激排卵。

如果中毒了该怎么办

月光蝶是一种有毒的鱼类。它们生长在珊瑚礁附近，在产卵的季节来临时，它们会因为食物链的关系，在体内或者生殖腺积累许多珊瑚礁鱼的毒素。人们如果不小心吃了月光蝶，就有可能中毒。

中毒的人可能会感到恶心，或者感到痉挛性的腹痛，手指和脚趾也有可能产生刺痛的感觉。月光蝶的毒现在还没有特定的解药。因此，人们吃了月光蝶后，如果感觉到身体不舒服，应该赶紧到医院洗胃、催吐，并用甘露醇治疗。

月光蝶对水温的要求比较高，每天温差不可超过 2℃，日常温度可以保持在 26～29℃。它们还对酸碱度比较敏感，一般酸碱度可保持在 8.0-8.4，差值不宜过大。硝酸盐一般要保持在 50PPM，不要过高或过低。月光蝶不可与珊瑚或海葵养在一起，以免被它们啄食。它们的领地意识强烈，要避免同种大小的蝴蝶鱼混养，同时也不宜与无脊椎动物混养。

太阳蝶

太阳蝶也叫尾点蝴蝶鱼、法国蝶或本氏蝴蝶鱼。它们一般生活在印度洋或西太平洋海域。它们的体长最大可以达到20厘米，属于杂食性动物，珊瑚虫、海藻和浮游动物都是它们的最爱。

海洋万花筒

人工饲养太阳蝶时，应使用250升以上的水族箱，并提供活石供其躲藏和觅食。可以使用冷冻海藻、浮游生物和人工饲料来喂养太阳蝶，它们的食量较小，每天喂两次即可，每次喂的量不要过多。

形态特征

太阳蝶的体色为银白色，身上遍布着一些黑色的斜线。它们的腹部有蓝线，身上则有镶嵌着蓝线的黑斑，像是一轮升起的黑色太阳，所以被人们称作太阳蝶。有些太阳蝶身上的黑斑也可能长在背上或者尾巴上。它们身上的每块鳞片上都有一个黑色的小斑点，这些小斑点斜着向背部后边生长。在太阳蝶的头部还有一条黑线把它们的眼睛遮蔽起来，看起来非常漂亮。

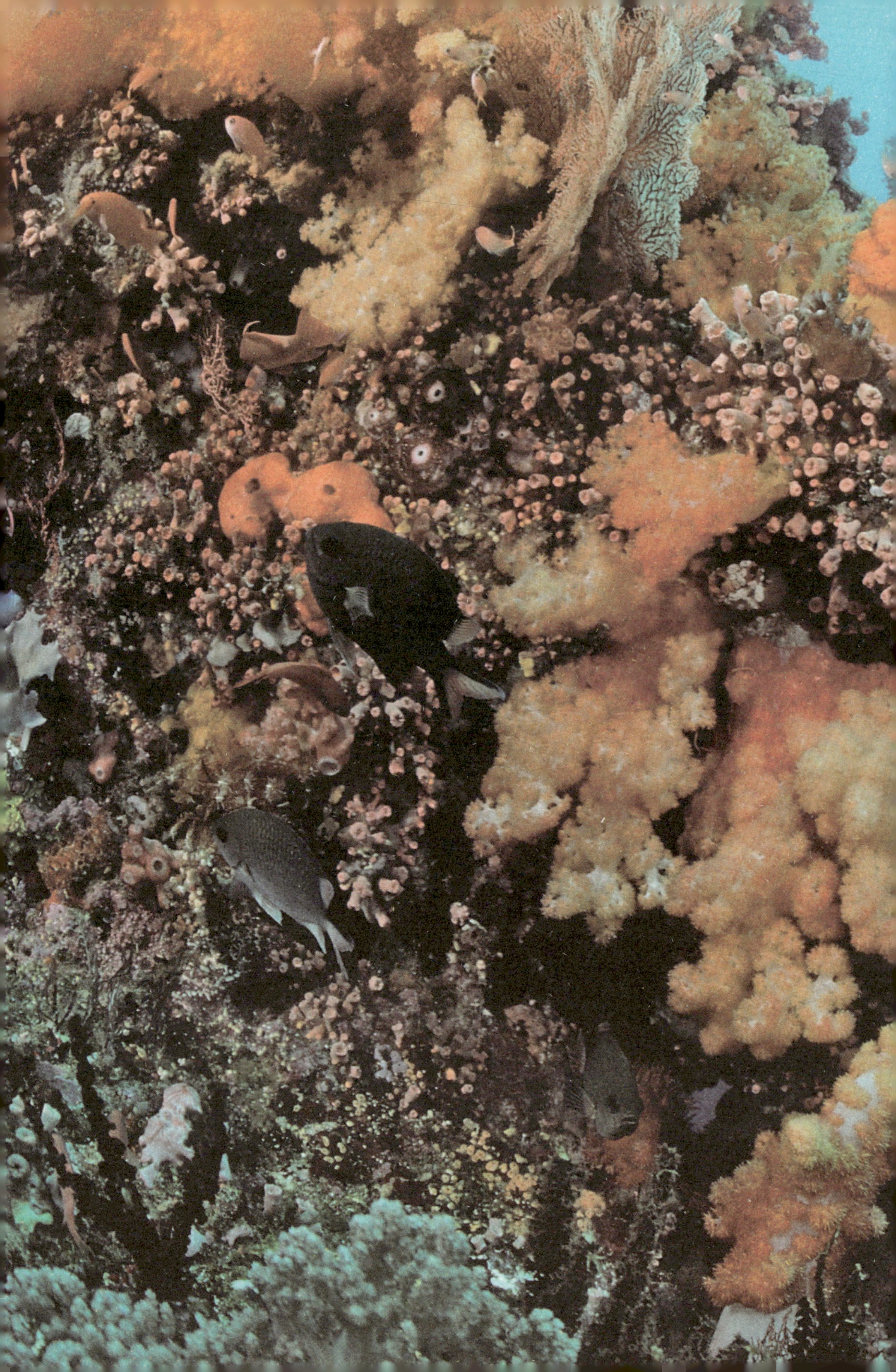

Part 8
观赏鱼的伙伴们

观赏鱼以色彩鲜艳、形状奇特或稀少名贵而闻名。同样具有观赏性的海洋动物还有很多，如海葵，它们有各种各样的体色，或斑点或条纹状，十分吸引人的眼球；树枝状的珊瑚也同样鲜艳美丽；还有外表飘逸、身体透明的仙女虾等。它们各具特色，异彩纷呈。

Part 8 观赏鱼的伙伴们

海葵

海葵是一种无脊椎动物，它的身体呈圆柱形，下端的基盘稍膨大，能分泌黏液。由于黏液和肌肉的作用，可以把自己固着在岩石、木桩或贝壳、蟹螯上面。海葵的口不仅可以获得食物，还可进行气体交换。

海葵的生活

海葵广泛分布于海洋中，大多数栖息在浅海和岩岸的水洼或石缝中，少数生活在大洋深处，在海洋深度10 210米处也能见到海葵的身影。一些个体巨大的海葵通常出现在热带海区的珊瑚礁上。海葵属于刺胞动物，一些猎物被海葵的刺丝麻痹之后，海葵会用触手捕捉它们并送入口中。猎物在消化腔中由分泌的消化酶进行消化，养料由消化腔中的内胚层细胞吸收，不能消化的食物残渣从口排出。

花瓣状触手

　　海葵的身体呈圆柱状，圆柱的开口端为口盘，口盘的中央是口，口盘的直径大多为几厘米，也有一些巨型海葵的口盘直径达 1.5 米左右。在口盘周围充分伸展的软体是触手，触手的数量通常是 6 的倍数。这些触手犹如美丽的花瓣，当触手全部伸展开，颇像一朵葵花，它也因此得名"海葵"。虽然海葵的外表看起来很像植物，但是它是一种动物，它不仅可以移动自己的身体，还可以分泌腺体吸附在石块、贝壳、海藻或木桩等硬物上。

体色各异的海葵

　　海葵有各种各样的体色，如绿的、红的、白的、橘黄的、具斑点、具条纹的或多色的。海葵的这些体色是怎么来的呢？一是来自本身组织中的色素，二是来自共生藻。共生藻可以为海葵提供营养，也可以为海葵增添色彩。生活在热带珊瑚礁中的几种海葵，白天伸展着有色彩的部分，使共生藻充分进行光合作用，到晚上再伸出触手捕食。

Part 8 观赏鱼的伙伴们

没有骨骼的海葵

海葵没有骨骼，在分类学上隶属于刺胞动物，代表了从简单有机体向复杂有机体进化发展的一个重要环节。当海葵被触动时，许多触手都会发生一阵反射性痉挛，这是一些基本信号传递到了海葵的全身，但是只有直接与食物接触的触手才有抓取食物的反应。只有当食物最终进入和消化系统接触的状态时，其他触手才会开始活跃起来，纷纷把自己折皱，这种反应的目的只有一个，那就是摄取食物，将食物包围起来，送到嘴里进食。海葵的食性很杂，食物包括软体动物、甲壳类和其他无脊椎动物，甚至鱼类等。

繁育后代

海葵为雌雄同体或雌雄异体。在雌雄同体的种类中，雄性海葵先成熟。多数海葵的精子和卵是在海水中受精，发育成浮浪幼虫；少数海葵幼体在母体内发育。有一些海葵的种类通过无性生殖，由亲体分裂成两个个体；还有些种类是在基盘上出芽，然后发育出新的海葵。

与同类打架

大多数的海葵喜欢独居，它们通常不移动，偶尔会以翻慢跟斗的方式爬动。海葵如果偶然遇到同类，它们也会发生冲突，甚至厮杀。若属不同种类的成员，先使口盘基部的特殊武器，即边缘结节变成锥形，继而体部环肌收缩，使身体变高，然后将整个身体向对方压去，在压倒对方的一刹那，立即将延长的结节朝对方刺去，结节顶端有大的有毒素的刺细胞，若刺到对方会立即射出毒液。失败的弱者会主动逃离，若找不到隐藏的地点，就把身体浮起来，任由海水把自己冲向远方。

捕食猎物

海葵有自己独特的捕食方法，它们的触手会在水中不停地摇摆，犹如在风中摇曳的花朵，许多缺乏经验的小鱼、小虫、小虾常漫不经心地游过来，好奇地探察这不知名的花朵，却突然被海葵快速收缩的触手所擒获。这些可怜的猎物还未来得及作出反应，就被触手里的刺细胞杀死，成了海葵的食物。

海洋探秘系列 观赏鱼探秘

Part 8 观赏鱼的伙伴们

共生关系

　　海葵的触手上有一种特殊的刺细胞，能释放毒素，可以用来捕食一些小鱼、小虾，但是它们却允许小丑鱼自由出入它们的触手之间。小丑鱼有的独栖于一只海葵中，有的是一个家族共栖在海葵中，以海葵为基地，在周围觅食。小丑鱼可以为海葵吸引一些不知情的小鱼进入触手间，还可以为海葵清理一些身体上的细屑，而小丑鱼一旦遇到危险，就立即躲进海葵触手间寻求保护，所以双方形成了稳固的共生关系。除小丑鱼外，和海葵共生的还有十几种鱼类、小虾、寄居蟹等其他动物。

海葵毒素

　　海葵的触手上隐藏着无数刺细胞，刺细胞中的刺丝囊含有带倒刺的刺丝。一旦碰到它，这些刺丝立即会刺向对手，并注入"海葵毒素"。有研究表明，海葵在发射毒素时，完成发射只需 0.02 秒。在夏威夷海域生长着一种巨大红海葵，其毒素很强，当地人常用它作为箭毒使用。还有一种生长在百慕大的沙岩海葵，其毒性更大，被称为世界上最厉害的生物毒素。海葵毒素的种类比较多，大多为神经毒或者肌肉毒。

紫点海葵

紫点海葵的色泽非常亮丽，它们的身体为黄色，身体上有48条短胖的触手，触手顶端有紫色的小肉突，足部呈圆盘状，颜色为橘色，上面有小红斑点缀着。它们生活在地中海沿岸的深水区边缘，喜欢居住在软质地上。

美国海葵

美国沿岸海域的珊瑚礁生活着一种美国海葵，它们是一种特有的美丽品种，触手又粗又长，刺细胞毒性很大，碰到它们的鱼类、无脊椎动物都有可能受到伤害。美国海葵的体色多样化，有白色、黄色、粉红色等，喜欢单独在石缝及沙石之中活动。

拳头海葵

拳头海葵在口盘驻触手处长满了共生藻，触手构造很独特，顶端通常呈气泡状，也会因压缩而成球形或梨形。它们以群居的方式栖息在印度洋、太平洋、红海到萨摩亚群岛之间的浅滩珊瑚礁，生活区域需要石缝、岩洞以固着身体或藏匿。

Part 8 观赏鱼的伙伴们

海洋探秘系列 观赏鱼探秘

珊瑚

珊瑚是刺胞动物门、珊瑚纲的海生无脊椎动物。它的主要特点是具有石灰质、角质或革质的内骨骼或外骨骼。珊瑚无头与躯干之分，没有神经中枢，只有弥散的神经系统。当受到外界刺激时，整个动物体都有反应。

珊瑚虫

珊瑚虫是一种白色的小虫子，它们自动固定在先辈珊瑚的石灰质遗骨堆上，珊瑚虫分泌的外壳便是珊瑚。每个单体珊瑚横断面有同心圆状和放射状条纹，颜色常为白色，也有少量蓝色和黑色。珊瑚体色鲜艳美丽，看起来很像树枝，不仅可以做装饰品，还有很高的药用价值，此外，它们在环境保护方面的作用更是无可替代。

繁殖方式

　　珊瑚既可有性生殖，也可无性生殖。珊瑚的有性生殖具有繁殖力强、遗传多样性高及不损伤母体珊瑚等优点。珊瑚虫的卵和精子由隔膜上的生殖腺产生，经口排入海水中。受精通常发生于海水中，有时也会发生于胃循环腔内。通常受精仅发生于来自不同个体的卵和精子之间。受精卵发育为覆以纤毛的浮浪幼虫，能游动。数日至数周后固着于固体的表面上发育成水螅体。也可以出芽的方式生殖，芽形成后不与原来的水螅体分离。新芽不断形成并生长，于是繁衍成群体。

栖息环境

　　珊瑚一般生活在水深100～200米的平静而清澈的岩礁、平台、斜坡和崖面、凹缝中，也有些珊瑚生活在浅海或深度达千米的海洋中。它们不仅外形鲜艳美丽，还拥有各种不同的颜色。宝石级珊瑚为红色、粉红色、橙红色，具有玻璃光泽至蜡状光泽，不透明至半透明。

海洋探秘系列 观赏鱼探秘

Part 8 观赏鱼的伙伴们

深水石珊瑚

石珊瑚可以在海洋深处生活，已知栖息最深的纪录是在阿留申海沟6296～6328米处发现的阿留申对称菌杯珊瑚。石珊瑚个体基本都很小，色泽单调。用拖网、采泥器在不同深度的海底都可以采到。

浅水石珊瑚

浅水石珊瑚主要分布在浅水区，一般在水表层到水深40米处生活，个别种类可进入深达60米的海底生活。它们在水中生活时色彩鲜艳，五光十色，把热带海滨点缀得分外耀眼，因此，浅水石珊瑚区有"海底花园"的美称。

珊瑚的类别

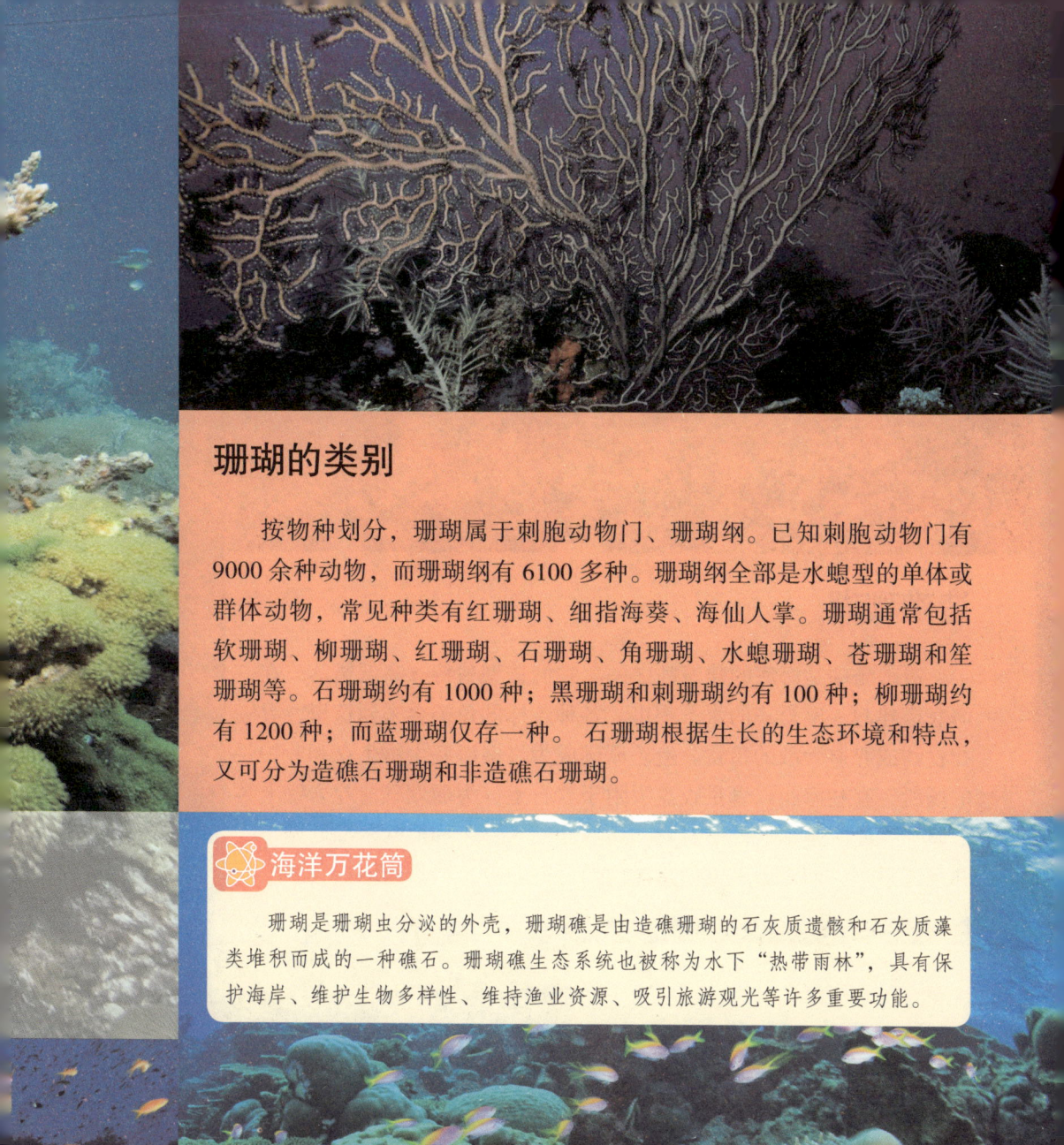

按物种划分，珊瑚属于刺胞动物门、珊瑚纲。已知刺胞动物门有9000余种动物，而珊瑚纲有6100多种。珊瑚纲全部是水螅型的单体或群体动物，常见种类有红珊瑚、细指海葵、海仙人掌。珊瑚通常包括软珊瑚、柳珊瑚、红珊瑚、石珊瑚、角珊瑚、水螅珊瑚、苍珊瑚和笙珊瑚等。石珊瑚约有1000种；黑珊瑚和刺珊瑚约有100种；柳珊瑚约有1200种；而蓝珊瑚仅存一种。石珊瑚根据生长的生态环境和特点，又可分为造礁石珊瑚和非造礁石珊瑚。

海洋万花筒

珊瑚是珊瑚虫分泌的外壳，珊瑚礁是由造礁珊瑚的石灰质遗骸和石灰质藻类堆积而成的一种礁石。珊瑚礁生态系统也被称为水下"热带雨林"，具有保护海岸、维护生物多样性、维持渔业资源、吸引旅游观光等许多重要功能。

Part 8 观赏鱼的伙伴们

海洋探秘系列 观赏鱼探秘

造礁珊瑚

造礁珊瑚是海底的建筑师之一。它们造型独特,高低错落,在海底搭建起一座繁华的水下都市。各种各样的鱼类会来到这里,寻找食物或躲避天敌的猎食。造礁珊瑚成为许多海底生物生存和庇护的场所。有些海胆以管足吸盘吸附于岩石上,为珊瑚礁清除岩壁上的藻类;波纹蟹不仅外形丑陋,还以珊瑚为食;梯形螃蟹和珊瑚是共生关系,它们为珊瑚虫去除体内的食物残渣,清洁珊瑚。

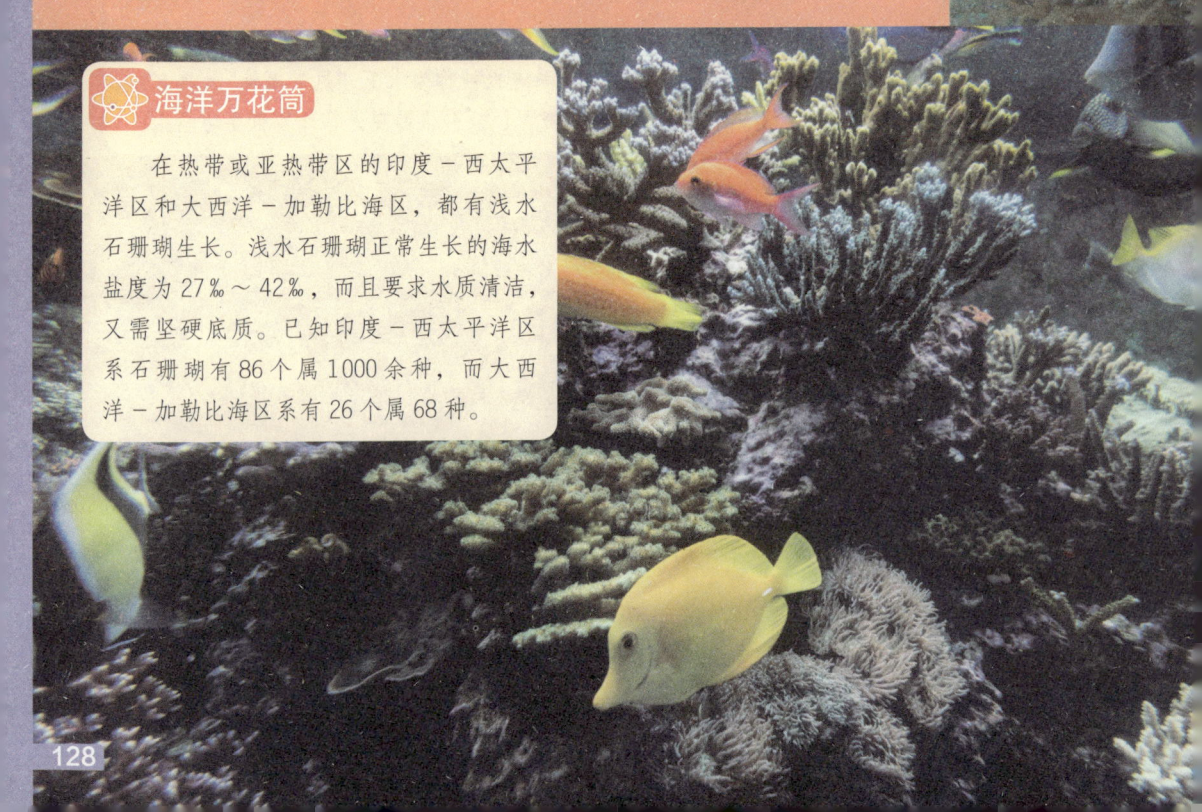

海洋万花筒

在热带或亚热带区的印度-西太平洋区和大西洋-加勒比海区,都有浅水石珊瑚生长。浅水石珊瑚正常生长的海水盐度为27‰~42‰,而且要求水质清洁,又需坚硬底质。已知印度-西太平洋区系石珊瑚有86个属1000余种,而大西洋-加勒比海区系有26个属68种。

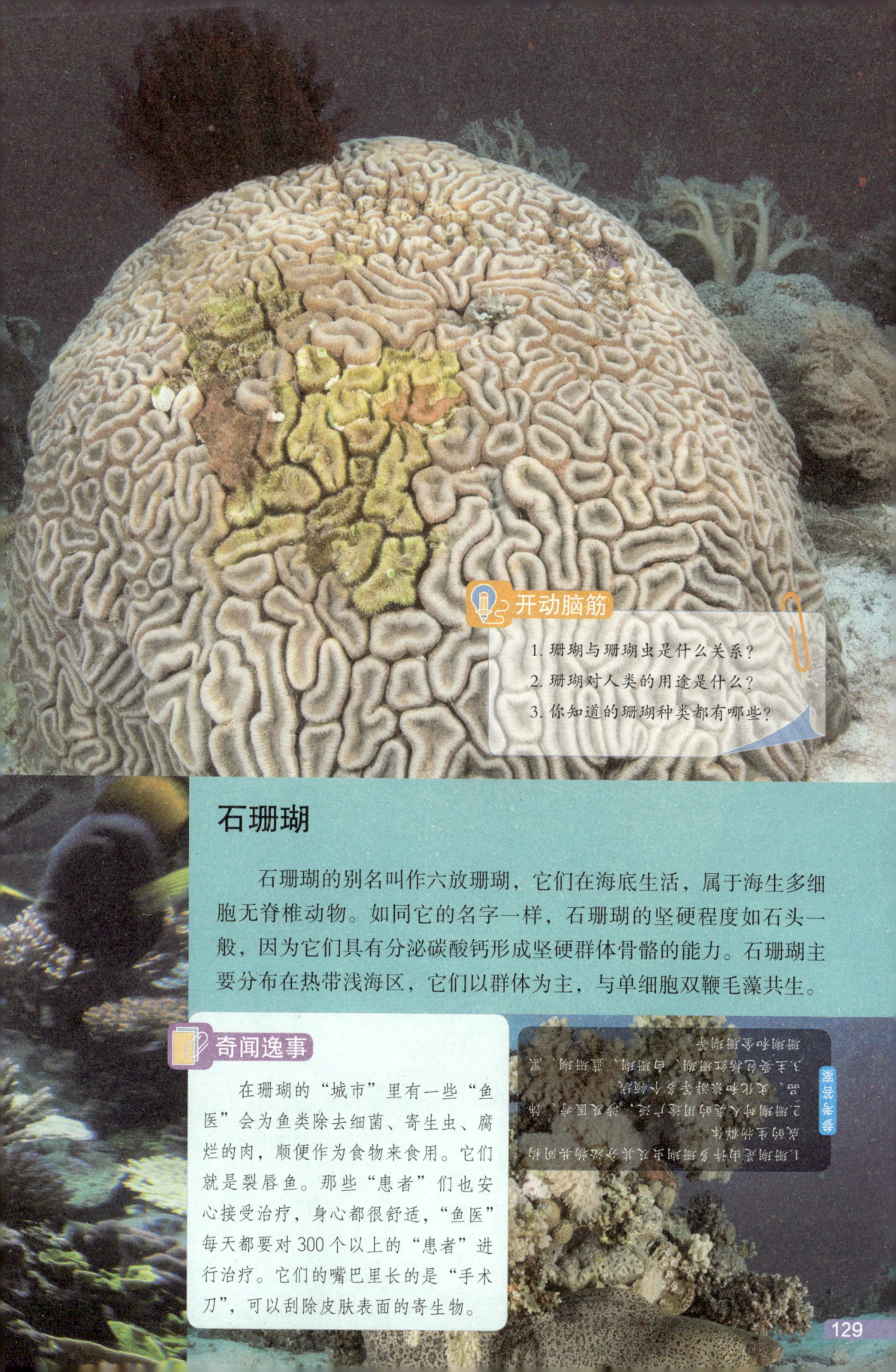

开动脑筋

1. 珊瑚与珊瑚虫是什么关系？
2. 珊瑚对人类的用途是什么？
3. 你知道的珊瑚种类都有哪些？

石珊瑚

　　石珊瑚的别名叫作六放珊瑚，它们在海底生活，属于海生多细胞无脊椎动物。如同它的名字一样，石珊瑚的坚硬程度如石头一般，因为它们具有分泌碳酸钙形成坚硬群体骨骼的能力。石珊瑚主要分布在热带浅海区，它们以群体为主，与单细胞双鞭毛藻共生。

奇闻逸事

　　在珊瑚的"城市"里有一些"鱼医"会为鱼类除去细菌、寄生虫、腐烂的肉，顺便作为食物来食用。它们就是裂唇鱼。那些"患者"们也安心接受治疗，身心都很舒适，"鱼医"每天都要对300个以上的"患者"进行治疗。它们的嘴巴里长的是"手术刀"，可以刮除皮肤表面的寄生物。

珊瑚种类

1. 珊瑚是由许多珊瑚虫及其分泌物共同形成的生物体。
2. 珊瑚除了观赏用途广泛，还有非常高的药用价值。
3. 主要分为石珊瑚、软珊瑚、角珊瑚、黑珊瑚和苍珊瑚和蓝珊瑚。

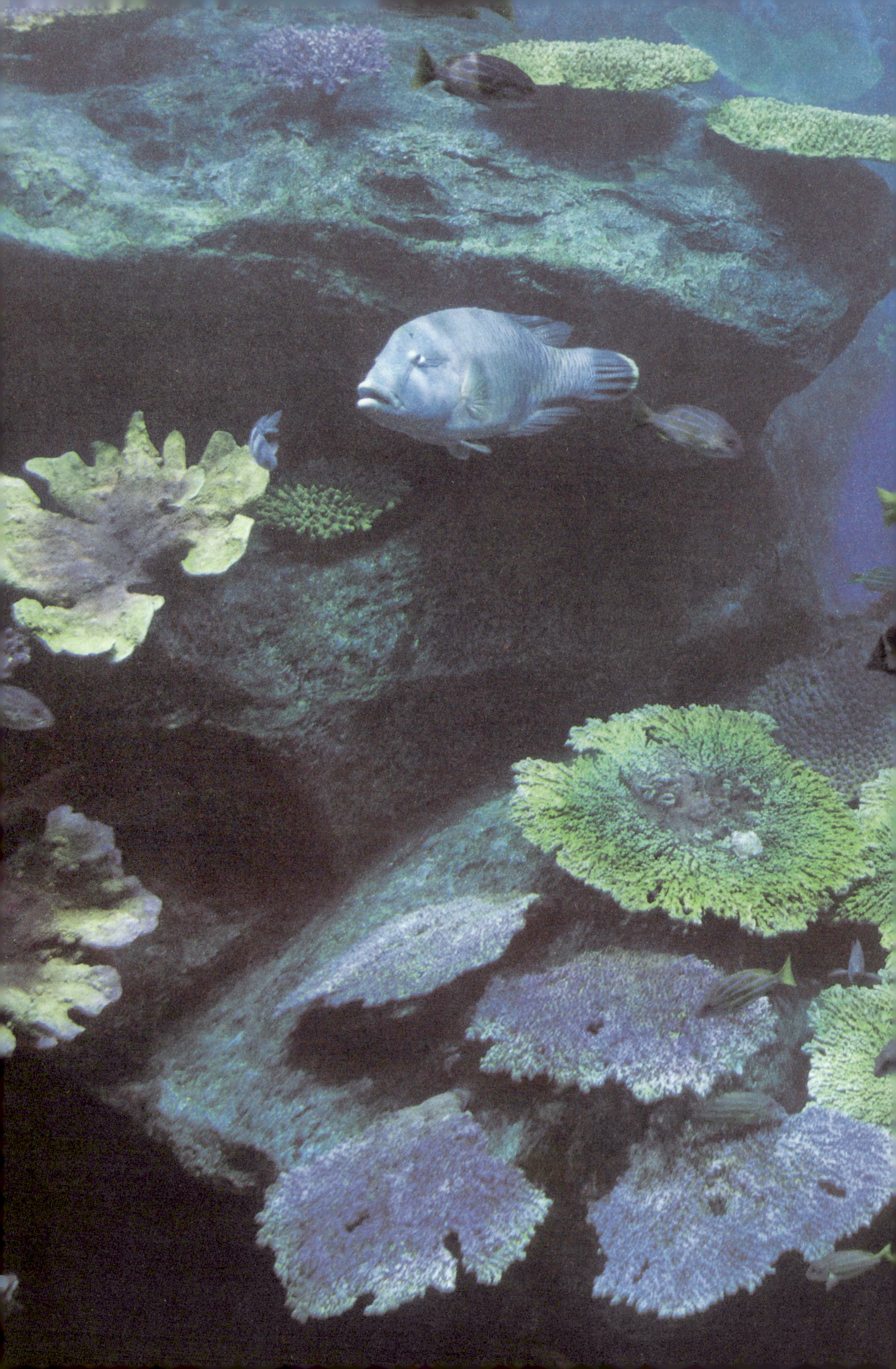

Part 9
海水观赏鱼的饲养

观赏鱼形态各异，观赏性十足，但是种类繁多，若想它们健康地在水族箱或鱼缸中生活，就需要了解观赏鱼的饲养知识。不仅要了解水族箱的选择、排水、照明等相关知识，还要知道哪些观赏鱼可以放在同一个水族箱中饲养，哪些不适宜放在一起混养。

Part 9 海水观赏鱼的饲养

海洋探秘系列 观赏鱼探秘

水族箱

水族箱通常至少有一面为透明的玻璃或高强度的塑料，起到观赏的作用。水族饲养也是世界各地盛行的嗜好之一，全球约有6000万名热爱者。水族箱的种类有很多，有简单的只饲养一条鱼的小鱼缸，也有复杂到需要配备精密支援系统的生态模拟水族箱。

水族箱位置选择

不要将水族箱放在阳光能直射到的地方，因为这个位置昼夜温差较大，不利于水草和热带鱼的生长，同时容易滋生藻类。水族箱也是室内装饰的一个亮点，安置时要考虑那些比较显眼或最显眼的位置，再以这个位置决定水族箱的规格与样式。水族箱底座的造型、色彩要与周围的家具相协调；水族箱的大小要考虑楼板的承重能力，以及过大的水族箱能否通过狭窄的楼梯和电梯，顺利搬到指定的位置；同时还要考虑是否方便给排水及与灯光照明系统相匹配。

海洋万花筒

水族箱按材质种类的不同，分为以下几种类型：

（1）普通玻璃水族箱：呈翠绿色，易碎，透明度不高，经雨淋暴晒后容易发生老化、变形等情况。按水质分为海水缸、淡水缸。

（2）透明浮法玻璃水族箱：呈暗绿色，表面平滑，透视性佳，无波纹，并且具有一定的韧性。

（3）钢化玻璃水族箱：在相同厚度下，钢化玻璃的抗弯强度和抗冲击强度均比普通玻璃高出4～5倍，并且热稳定性强，能够承受剧烈温度的变化而不致遭受破坏。

（4）亚克力玻璃水族箱：是接近于有机玻璃和普通玻璃之间的一种材质，重量轻，韧性强，需一体制成，但容易刮伤，并且透明度较低。

Part 9 海水观赏鱼的饲养

水族箱架

水族箱架要用坚固的木材或金属材料制成，造型结构要符合力学原理，同时台面一定要平整，特别是要在承受水族箱几百千克甚至上千千克的压力后仍然不会变形，这样才能保证水族箱的安全。

安全要素

电与水不相容，而水族箱又无法回避这一问题，需格外注意。由于照明灯紧挨水面安装，鱼、气泡石或过滤器溅起的水花常落在灼热的灯管上，可能引起爆炸，因此，应选用防水灯具以防止饲水的侵蚀，并在水族箱上加玻璃盖板，将饲水与反光箱罩分隔。玻璃水族箱仅有一个窄边供放置玻璃盖板，因此，可以将玻璃盖板做成两块，在饲喂或日常管理时，只要移动其中一块即可，此外，还应该将玻璃盖板切除一个角，以作为空气管和过滤器水管的通道。

挑选技巧

挑选一个合适的水族箱是一个观赏鱼饲养新手要做的第一步，因为要为自己喜爱的观赏鱼选择一个环境适宜的家，就要考虑饲养过程中的诸多要素。首先，要在家中选择一块通风宽敞的空地，便于摆放水族箱。选择的地方应该在方便家人欣赏的同时，又不会妨碍家人的正常生活。其次，要确定水族箱的大小，然后制作一个水族箱效果图。将水族箱的大小、形状都牢记于心中，便于购买时能正确做出选择。购买时一定要向厂家询问辅助设备是否和水族箱一起出售。如果不是，那么就需要单独采购辅助设备。最后，水族箱的选购还涉及水草、鱼儿、假山、假石、底砂的选择，它们的大小应该与水族箱的大小适应，数量也应参考水族箱的整个空间大小来确定。

奇闻逸事

在选购或定做水族箱时，要全面考虑水族箱的安全性，包括水族箱的高度、质地、规格和形状，玻璃的质量和厚度。

（1）水族箱的质地：市场上销售的水族箱分为亚克力和玻璃两种。

（2）水族箱的高度：水族箱不宜过高，因为水越深对水族箱壁的压力就越大，也就越容易引起水族箱玻璃的爆裂。同时，过深的水不利于水草对光线的吸收，一般水族箱的深度不要超过70厘米。

海洋探秘系列 观赏鱼探秘

Part 9 海水观赏鱼的饲养

水族箱的保养

　　水族箱是鱼儿的家,它对鱼儿的生存起到至关重要的作用。在日常养鱼的过程中,要养成经常观察水族箱的习惯,同时,要给水族箱做保养,为观赏鱼营造一个良好的生活环境。平时要常检查水位的高度,及时添加水,防止被蒸发掉的水分太多,导致鱼儿跃出水面。要经常观察滤材的状态,及时更换过滤器生态棉,以防因生态棉被污染而导致鱼缸里的水质变差。

注意光照充足

安装照明灯时，要使用防水的灯具和接线端子。不要突然开关照明灯，以免惊吓到鱼儿，关灯时先关水族箱的照明灯，然后再关室内的照明灯。开灯时先开室内的照明灯，然后再开水族箱的照明灯。应将照明灯安装在箱罩里，使光源自上而下照射，达到无影效果，照明灯安装在水中比较容易造成有碍观赏的阴影。选用与箱罩长度相宜的灯管，或者用两根较短的灯管。日光灯接线端子需装有防水帽，以免遭水花的侵蚀。尽管其价格贵于白炽灯泡，但使用寿命长，发热光，光照均匀。

开动脑筋

1. 如何挑选水族箱？
2. 如何摆放水族箱？
3. 水族箱有哪些方面的注意事项？

Part 9 海水观赏鱼的饲养

养鱼家用设备

饲养自己喜欢的热带鱼，除了拥有一个合适、美观、大气的水族箱以外，还需要配置一些相关的设备，这样才能给鱼儿创造一个好的生活环境，环境好了，鱼儿才会活泼、健康，看着绚丽多彩的鱼儿，你的心情也会好起来。

温控设备

热带鱼生活的适宜温度为20～28℃，所以要在水族箱中饲养热带观赏鱼，就必须准备温控设备。温控设备作为一种温度辅助调节器，可以使水温始终保持在热带鱼所需要的正常范围内，一旦超过或低于正常温度范围，调节器就会自动开或关，把水温调节到适宜的温度。市场上的温控设备有两种：一种是无自动调节的调温器；一种是能自动调温的电热器。

过滤设备

在饲养观赏鱼时，水族箱里会残留一些杂质，有些杂质是鱼儿吃剩下的食物残渣，还有些是鱼儿的粪便、水草的腐质等。如果这些杂质长久存在水族箱中，就会影响水质，所以一件过滤器就成为家庭水族箱中净化水质的必要设备。过滤器通过水泵把水引入过滤网中，水经过过滤后再回到水族箱中。目前市场上比较流行的是小型循环水过滤泵，适用于单缸生态水族箱、壁挂水族箱、生态鱼缸。

外部过滤器

外部过滤器又分为外部吊挂式和底部过滤器等多种形式。外部吊挂式是将过滤器吊挂在水族箱侧面或者下方，水由水泵抽入滤槽，经过滤材料过滤后，再回到水族箱中。这种过滤器的好处就是清洗水族箱等操作方便，缺点是不利于硝化细菌的生长，冬季保温效果不好，最好和底部过滤器结合使用。v

沉水式过滤器

沉水式过滤器是一个内含水泵和过滤材料的封闭组合，可直接放在水族箱内，利用潜水泵吸水，水经过过滤后回到水族箱中，有生化和机械过滤的作用。其优点是体积小、噪声低、好管理和使用方便，缺点是处理水体少，不适合大型水族箱。

Part 9 海水观赏鱼的饲养

滴流式过滤器

滴流式过滤器就是使用多孔性、表面积大的滤材，与普通过滤器相比，在同样体积下，可以提供更大的地方来培养硝化细菌，这种过滤器效果好，但是价格贵，目前多用于名贵的观赏鱼和海水水族箱的过滤系统。

滤槽过滤器

滤槽过滤器是普通家庭中最常见的一种过滤设备，它使用的是所谓的物理过滤法，即利用水泵把水族箱的水通过过滤器中的滤材物理性质来分解或者处理其中的杂质，保持水的清洁。滤槽过滤器是用沙石作为滤材，可以利用沙石中的碱性物质来调节水的硬度和酸碱度。

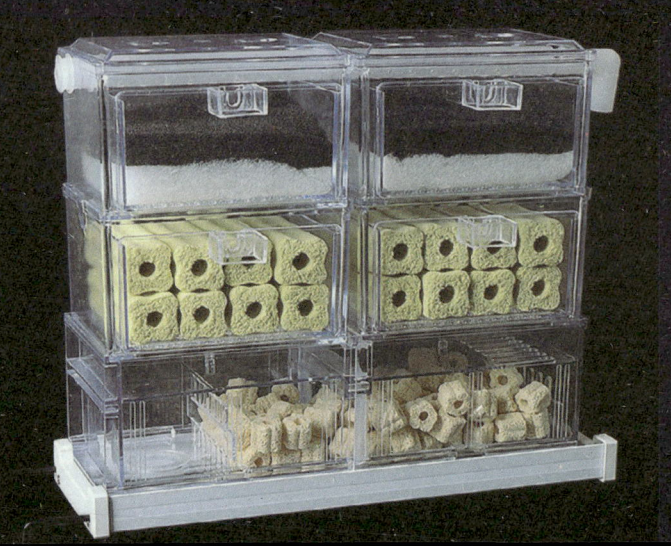

照明设备

照明设备一方面为水族箱提供足够的照明光源，可调节水族箱内景物的层次和明暗对比度；另一方面为水族箱中种植的水草提供足够的光亮，以便它们进行有效的光合作用。目前比较常用的照明设备有白炽灯和荧光灯两种，其功率大小由水族箱的大小来决定。

光线调控

水族箱日常照明中光线的调控很重要，光线调控的原则是应有利于热带鱼的生长繁殖，有利于水草的生长，同时有利于水族箱的整体观赏效果。大多数热带鱼不需要太强的光线，只要不影响观赏就可以了。而有的热带鱼在繁殖季节需要较暗的光线，这就需要对光线进行调控了。

Part 9 海水观赏鱼的饲养

水草对光线的需求

如果水族箱种了水草，不同水草对光照的要求不同，所以对光照的调控也很重要。对于养鱼较多、水草茂盛的水族箱，最好每天24小时保持相对恒定的光照。对于水草较少、饲养中低档热带鱼的水族箱，只要在白天给以适当光照就可以了。

增氧设备

大多数热带鱼利用水中的溶解氧来完成呼吸，如果水中缺乏氧气，这些热带鱼就会浮出水面，甚至窒息死亡。因此，水族箱需要一件增氧设备来保证水中氧气充足。常用的增氧设备有增氧泵、吹气头和增氧循环系统等。增氧泵的作用是把压缩的空气不断地送入水族箱中，使箱中的水不停地翻动，从而增加水中的溶氧量。同时又将水中的二氧化碳压出水面。目前，有许多过滤装置都带有增氧功能，以此形成增氧循环系统。

> **海洋万花筒**
>
> 外部过滤一般是把过滤器放到水族箱的底柜中，里面放置各种过滤器材，用管道与水族箱连接，不会占用鱼缸的空间。

知识卡片

1.上部过滤器：放置在水族箱顶部，滤材一般为过滤棉、活性炭或陶瓷环。
2.底部过滤器：放置在底砂下面，水族箱的底部铺砂。
3.瓶式过滤器：放在水族箱中，操作简单。

酸碱度测试及调节剂

水族箱中水的酸碱度的高低会直接影响鱼的健康。偏酸性或偏碱性的水质将导致鱼的鳃丝呼吸受阻，影响氧气的交换，时间一长，鱼就会因代谢紊乱而死亡。另外，碱性高的水质还会影响鱼的繁殖。而鱼食的残渣、排泄物、水草的腐质等都会影响水质，降低水的酸碱度。所以，在饲养观赏鱼时，要准备酸碱度测定工具，如pH试纸和酸碱度测定仪。

> **开动脑筋**
>
> 1.过滤设备有哪些种类？
> 2.如何调控水族箱中的光线？
> 3.谈谈水中缺乏氧气对观赏鱼的影响。

143

Part 9 海水观赏鱼的饲养

人工海水的配置

在饲养观赏鱼时，养水是很重要的一环。所谓养水，其实就是培养微生物，通过微生物的物质转化作用使水获得自净能力。新鲜的自来水中只有少量的细菌，但放了鱼以后，由于有机物源源不断地进入，各种异养菌开始繁殖，各种浮游生物、原生动物等也相继出现，水中的生物和各种成分趋于多样化，并形成了简单的食物链，水开始具有了活性。各种菌类不仅生活在水中，在缸壁、底砂，以及缸内其他固体表面都附着大量菌类。所以，要打造一个良好的微生态水环境，让鱼儿真正找到家的感觉，它们才能健康、活泼地在水族箱里生活。

观赏鱼对水质的要求

观赏鱼对水质的要求还是比较高的，如果水质不经选择和处理，那么观赏鱼很快就会生病，甚至死亡。因此，用水要经过选择，自来水必须除氯；不能用雨水；饲养过程中还要勤排污、除粪、换水；还要注意饲养密度是否合适，根据水族箱的大小合理地安排鱼儿的数量，为每条鱼都准备充足的活动空间，这是用来保证鱼的活跃度和水质；在饲养过程中要认真观察水质变化，必要时彻底清箱；换水时，新旧水的温差不要超过5℃，要注意昼夜温差的变化，不要让心爱的鱼忽冷忽热，难以适应。

酸碱度的重要性

水质的酸碱度（即 pH）对鱼的生长非常重要，而最适合养鱼的水质应该是酸碱持平，软硬适中。尤其是饲养一些体色鲜艳的鱼，如神仙鱼、灯鱼、亚洲龙鱼，想要让它们保持亮丽的色彩，并且能够繁殖成功，最好用软水。而一些非洲出产的热带鱼，由于其原生地的水属于微碱性，所以它们更喜欢硬水，如近几年非常火的三湖慈鲷。

海洋万花筒

通常情况下，水的软硬度主要指水中钙离子、镁离子的总浓度，这些金属离子在水体中都是以碳酸盐、重碳酸盐、硫酸盐或者氯化物等形式存在。水的软硬度和 TDS 值其实是两个不同的概念。TDS 值指的是单位体积内所有可溶性固体的总量，当然，这里的可溶性固体包含了有机物和无机物，以及其他金属离子。

Part 9 海水观赏鱼的饲养

海洋探秘系列 观赏鱼探秘

水对鱼的重要性

其实软水或硬水对鱼健康方面的影响并不是很大，因为观赏鱼本身有适应水质软硬的能力，但是这需要时间，所以在新鱼入缸和换水之时，才是水质软硬度对鱼影响最大的时候，这个时候需要特别注意。尽量做到小心兑水，让鱼慢慢适应水体的变化。淡水、雨水、纯净水属于软水，而海水、自来水、地下水、矿泉水都属于硬水。从地域上来说，我国南方水质偏软，北方水质偏硬。

换水法

在观赏鱼幼苗时期，可以采用部分换水法，使鱼处于硬度较高的水体中，这样有利于鱼吸收钙、镁离子，从而促进骨骼生长（异型鱼除外）；而在成长期和繁殖期，可以适当降低水体的硬度，有助于提升鱼色泽的亮丽度，使雌鱼更受欢迎，更有利于雌鱼的繁殖。

海洋万花筒

闯缸鱼就是试水质的第一批鱼，看看水族箱中的水是不是可以养鱼，一般会用草金、咖啡鱼、孔雀鱼等小型鱼类来试水，只要鱼在水中存活一段时间不死，就说明水族箱中的水可以养鱼，然后根据自己想要养的鱼的一些特性来适当调整一下，就可以开始饲养自己心爱的鱼了。

煮沸法

在给鱼换水之前，把准备的晒好的自来水烧开，在水沸腾的过程中能消除水中一部分碳水化合物，直接降低水体暂时的硬度，等煮沸的水冷却后，即可使用，但是此方法不能消除水中的硫酸盐和氯化物，只能降低不到 1/3 的水的硬度。

活性炭添加法

活性炭具有强大的吸附功能，能够有效地吸除水体中的金属离子，直接降低水的硬度，并且有去腥和杀菌的功效。一般情况下，活性炭 3 个月更换一次为佳，也可以根据自家水族箱中的水质情况来确定更换活性炭的次数。使用时只要将活性炭放到过滤设备中即可，但是要注意适时更换，否则已吸附到一定程度的活性炭又会释放一些毒素。

纯净水添加法

纯净水添加法是最简单的一种方法，即在给鱼换水时，直接加入桶装的纯净水，通过加入软水的方式直接降低水的硬度（因为桶装纯净水是以符合生活饮用水卫生标准的水为原料，通过电渗析法、离子交换、蒸馏法等加工方法制作），所以，这里加纯净水就是加入了软水，降低了水的硬度。

海洋探秘系列 观赏鱼探秘

Part 9 海水观赏鱼的饲养

人工海水的形成

人工海水通常是为了饲养海洋动物，或者保存海洋动物器官而制作的盐类混合溶液。如果家庭中饲养了海水观赏鱼，就需要配置人工海水，以此来满足这些海洋鱼类在水族箱中的活动。

配置步骤

（1）人工海水要提前24～48小时调配好。

（2）在海水鱼水族箱中放好水源，依据水的数量计算出所需人工海水盐的数量，然后把人工海水盐直接溶解于水族箱中，再启动充氧设备和水质循环过滤设备，这样水族箱中的水就变成了人工海水。

测试水质

刚配制的人工海水的水质不稳定，水色也比较浑浊，应每隔12小时对水质进行一次测量。可采用水质测试剂，努力将人工海水调整到合理的范围内。通过兑水或增加人工海水盐的方法，将人工海水的比重维持在1.022～1.023。

在海水观赏鱼的水族箱中，人工海水的生化过滤系统一般需要15天到1个月才能正式运转。海水鱼的放养数目应由少渐多，只有当水质的生化过滤系统完全启动后，海水鱼的放养数目才能稳定下来。

淡水水质要求

　　淡水水质要求清新，无污染，浮游生物量极少，透明度在 150 厘米以上。如果淡水的水质偏浓，那么配制海水后由于水中浮游生物的大量死亡，水体中的氨氮和亚硝酸盐的含量急剧上升，会引起幼鱼的大量死亡。如采用自来水，则需加 8PPM 大苏打予以去除；如采用深井水，则需对深井水进行各类元素含量的检测，并按检测结果调改海水配方。

开动脑筋

1. 海水和人工海水之间的区别是什么？
2. 海水观赏鱼分布区域在哪里？
3. 人工海水的生化过滤系统一般多久才能正式运转？

注意事项

　　刚配制好的海水会出现比较浑浊的情况，这属于正常现象，达到目标水位后即可开启循环系统，消除浑浊。配制海水时，溶解人工海水盐的容器不要用金属容器，因为金属容器在引起反应后会改变海水的离子成分，还会对容器造成腐蚀。

海洋探秘

深海探秘 SHENHAI TANMI	 企鹅探秘 QI'E TANMI	 水母探秘 SHUIMU TANMI	 台风探秘 TAIFENG TANMI	 鲨鱼探秘 SHAYU TANMI
 潜水探秘 QIANSHUI TANMI	 极地探秘 JIDI TANMI	 章鱼探秘 ZHANGYU TANMI	 观赏鱼探秘 GUANSHANGYU TANMI	 鲸探秘 JING TANMI